Ahmet Karadağ

# Hofmann ve Werner-tipi Di- ve Trietanolamin Kompleksler

Ahmet Karadağ

# Hofmann ve Werner-tipi Di- ve Trietanolamin Kompleksler

Türkiye Alim Kitapları

**Impressum / Künye**
Bibliografische Information der Deutschen Nationalbibliothek: Die Deutsche Nationalbibliothek verzeichnet diese Publikation in der Deutschen Nationalbibliografie; detaillierte bibliografische Daten sind im Internet über http://dnb.d-nb.de abrufbar.


Deutsche Nationalbibliothek tarafından yayınlanan bibliyografik bilgiler: Deutsche Nationalbibliothek, bu yayını Deutsche Nationalbibliografie'de listeler; detaylı bibliyografik bilgi İnternet'te http://dnb.d-nb.de sitesinde mevcuttur.


Coverbild / Kitap kapağı resmi: www.ingimage.com

Verlag / Yayıncı:
Türkiye Alim Kitapları
ist ein Imprint der / yayınevinin bir ticari markasıdır
OmniScriptum GmbH & Co. KG
Bahnhofstraße 28, 66111 Saarbrücken, Deutschland / Almanya
Email / E-posta: info@turkiye-alim-kitaplary.com

Herstellung: siehe letzte Seite /
Basım yeri: son sayfaya bakın
**ISBN: 978-3-639-81346-3**

Zugl. / Approved by: Samsun, Ondokuz Mayıs Üniversitesi, 2001

# Hofmann ve Werner-Tipi Di- ve Trietanolamin Kompekslerinin Sentezi, Yapı, Spektroskopik ve Termik Özelliklerinin İncelenmesi

Ahmet Karadağ

# Hofmann ve Werner-Tipi Di- ve Trietanolamin Komplekslerinin Sentezi, Yapı, Spektroskopik ve Termik Özelliklerinin İncelenmesi

## Özet

Bu çalışma iki bölümden oluşmaktadır. İlk bölümde Hofmann-tipi Co(III), Ni(II), Cu(II), Zn(II) ve Cd(II) di- ve trietanolamin kompleksleri sentezlendi. Bütün komplekslerin nem çekmedikleri, havada kararlı oldukları ve su, DMF, DMSO, $CCl_4$ gibi genel çözücülerde çözünmedikleri bulundu. Komplekslerin çözünür olmamalarından dolayı sadece IR spektrumları incelenebildi.

Komplekslerin IR spektrumlarının, Cu(II)-di- ve trietanolamin kompleksleri hariç, benzer olduğu bulundu. Bakır komplekslerinin IR spektrumlarının farklılığının Jahn-Teller etkisinden kaynaklanabileceği düşünüldü. Komplekslerin spin manyetik momentleri tayin edildi ve bütün komplekslerin yüksek spinli olduğu görüldü. Bu komplekslerin termik davranışı dinamik azot atmosferinde TG, DTG ve DTA teknikleri kullanılarak çalışıldı. İlk ayrışma basamağı kristal suların uzaklaşmasına karşılık gelirken, bu basmağın kinetik analizi dehitrasyonun düşük enerjili olduğunu göstermektedir. Takip eden bozunma basamağında, di- veya trietanolamin uzaklaşarak bimetalik siyanür ara ürünler meydana gelmekte ve genelde metallerin kaldığı son ayrışma basamağında ise siyanürler uzaklaşmaktadır.

Bu çalışmanın ikinci bölümünde ise Werner-tipine benzer Co(II), Ni(II), Cu(II) ve Zn(II) di- ve trietanolamin kompleksleri sentezlendi ve elementel analiz, manyetik moment, UV-Vis ve IR spektrumları alınarak karakterize edildi.

*Trans*-bis(dietanolamin)bis(izotiyosiyanato)nikel(II) ve bis(μ-dietanol aminato) bis(izotiyosiyanato)dibakır(II) komplekslerinin kristal yapıları X-ışını tek kristal çalışmaları ile belirlendi. Nikel kompleksi bozulmuş bir oktahedral geometri gösterdi. Fakat bakır kompleksinde, Cu(II) iyonları iki dietanolaminat köprüsüyle birbirine bağlanmaktadır ve her bir bakır iyonu NCS ve dietanolaminin donör atomları ile koordine olarak bozulmuş kare düzlem bir yapı oluşturmaktadır. Oda sıcaklığında ölçülen hem dietanolamin hem de trietanolamin komplekslerinin etkin manyetik momentleri bu kompleksler yüksek spinli olduğunu göstermiştir. Ancak Co(II) ve Cu(II)-dietanolamin komplekslerinin çift oksijen köprülü dimerik yapılarının bir sonucu olarak manyetik momentlerinin önemli derecede değiştiği görülmüştür. Komplekslerin termik davranışları TG, DTG ve DTA kullanılarak çalışıldı. Komplekslerdeki di- ve trietanolaminin uzaklaşması ilk basamaklarda gerçekleşti ve tiyosiyanat anyonları metal oksitler vererek daha yüksek sıcaklıklarda ayrıştı.

***Anahtar Kelimeler***: Hofmann ve Werner-tipi kompleksler, Dietanolamin, Trietanolamin, Tek kristal yapılar, Termik analiz

# Investigations of Synthesis, Structure, Spectroscopic and Thermal Properties of Hofmann and Werner-Type Di- and Triethanolamine Complexes


## Abstract

This study is divided into two sections. In the first section, Hofmann-type di- and triethanolamine complexes of Co(III), Ni(II), Cu(II), Zn(II) and Cd(II) were synthesised. All complexes were found to be non-hygroscopic, air-stable and insoluble in common solvents such as water, DMF, DMSO, $CCl_4$ etc. Because of their insolubility only, their IR spectra were investigated.

The IR spectra of the complexes were found to be similar, except for complexes of the Cu(II)-di- and triethanolamine. The IR spectra of copper complexes may be different from those of the other complexes due to the Jahn-Teller effect. The spin magnetic moments of the complexes have been determined and the magnetic moments showed that all the complexes were the high-spin type. The thermal behaviour of the complexes was studied in dynamic nitrogen atmosphere by TG, DTG and DTA techniques. The first decomposition stage corresponds to dehydration and kinetic analysis of the dehydration data indicates that dehydration follows a low energetic process. In the following stages, release of di- or triethanolamine take place to from bimetallic cyanides as intermediates and in the final decomposition stage the decomposition of cyanides yields the respective metals.

In the second section, Werner-type di- and triethanolamine complexes of Co(II), Ni(II), Cu(II) and Zn(II) were synthesised and characterised by elemental analyses, magnetic moments, UV-Vis and IR spectra.

The crystal structures of the *trans*-bis(diethanolamine)bis(isothiocyanato) nickel(II) and bis(μ-diethanolaminato)bis(isothiocyanato)dicopper(II) complexes were determined by single crystal X-ray diffraction. The nickel complex exhibited a distorted octahedral configuration with inversion symmetry. In the copper complex, however, the two copper(II) ions are bound by diethanolaminate bridges and each copper(II) ions has square-planar geometry with NCS and other groups of diethanolamine. The effective magnetic moments of the complexes of both di- and triethanolamine measured at room temperature showed that these complexes have the high-spin configuration. But the Co(II) and Cu(II) complexes of diethanolamine exhibited somewhat different magnetic moments which may be a result of their doubly oxygen-bridged dimeric structures. Thermal reactivity of the complexes was studied using TG, DTG and DTA. Degradation of the di- or triethanolamine in the complexes occurred in the first stage of decomposition and the thiocyanate anions decomposed at higher temperatures to give corresponding metal oxides.

***Keywords*:** Hofmann and Werner-type complexes, Diethanolamine, Triethanolamine, Single crystal structures, Thermal analysis

**Teşekkür**

Lisansüstü çalışmalarım boyunca bilgi ve tecrübelerinden yararlandığım, bilimsel çalışma metot ve disiplinini bana öğreten ve bu tezin başından sonuna kadar katkılarını esirgemeyen değerli hocam Prof. Dr. Veysel T. Yılmaz Bey 'e ne kadar teşekkür etsem azdır.

X-ışını tek kristal çalışmalarında büyük yardımlarını gördüğüm, kristal çalışmaları sırasında gösterdiği anlayış ve gayretle bilimsel çalışmada etik anlayışın nasıl olması gerektiğini öğreten Dr. Carsten Thöne'ye çok teşekkür ederim.

Hem Yüksek Lisansta hem de Doktorada kendisinden birçok ders alarak bilgisinden yararlandığım Prof. Dr. Halis Ölmez Bey'e, yine çeşitli defalar bilgisine başvurduğum Prof. Dr. Fevzi Köksal Be 'e ve çeşitli yardımlarını gördüğüm Yrd. Doç. Dr. Hasan Cesur, Yrd. Doç. Dr. Hasan İçbudak, Yrd. Doç. Dr. Ömer Andaç, Arş. Gör. Yıldıray Topcu ve Arş. Gör. Yusuf Yerli'ye de teşekkür ederim.

Ayrıca bu çalışmaya OMÜ Araştırma Fonunun desteğinden dolayı da Ondokuz Mayıs Üniversitesine çok teşekkür ederim.

*Bu Kitap, 09 Ağustos 2015'de Ebediyete Uğurladığımız Değerli Babam Mehmet Ali Karadağ'a İthaf Olunur.*

## İçindekiler

## Simge ve Kısaltmalar Listesi

| | |
|---|---|
| EAN | Etkin atom numarası |
| DBT | Değerlik bağ teorisi |
| KAT | Kristal alan teorisi |
| MOT | Molekül orbitalleri teorisi |
| LAT | Ligant alan teorisi |
| KAKE | Kristal alan kararlılık enerjisi |
| KAYE | Kristal alan yarılma enerjisi |
| Td | Tetrahedral |
| IR | Titreşim spektroskopisi |
| UV-Vis | Elektronik spektroskopi |
| TA | Termik analiz |
| TG | Termogravimetri |
| DTG | Türevsel termogravimetri |
| DTA | Diferansiyel termik analiz |
| MEAH | Monoetanolamin |
| $DEAH_2$ | Dietanolamin |
| $TEAH_3$ | Trietanolamin |
| Bz | Benzen |
| Py | Piridin |
| MePy | Metil piridin |
| diMePy | Dimetil piridin |
| EtPy | Etil piridin |
| PhPy | Fenil piridin |
| ViPy | Vinil piridin |
| en | Etilendiamin |
| mma | Monometilamin |
| dma | Dimetilamin |
| tma | Trimetilamin |
| tmn | Trimetildiamin |
| Pn | Propilendiamin |

## Şekiller Listesi

## Tablolar Listesi

# I. Giriş

Her bilim dalında olduğu gibi kimya sahasında da oldukça hızlı bir gelişme süreci yaşanmakta ve her gün yüzlerce hatta binlerce bileşik sentez edilip, bunların yapısı aydınlatılarak özellikleri incelenmektedir.

Genelde madde temeline dayanan Kimya Bilimi bir bakıma bütün bilim dallarına beşiklik yapmaktadır. Kimya dalındaki gelişmeler birçok sanayii dalına, gıda, endüstri, tıp, eczacılık, tarım gibi sahalara ve hatta astronomi alanına fazlasıyla katkıda bulunmaktadır. Örneğin süper iletkenlik gösteren çeşitli bileşimlerde seramikler hazırlanarak bunların tıpta ve askeri uygulamalarda gerekli yüksek derecede güçlü elektromıknatıslar elde etmek için süper iletken tel yapımında kullanılması, bu alanlar için sentetik ve uygulamalı kimyanın ne kadar önemli olduğunu göstermektedir. Hastalıkların tedavisinde kullanılan bütün ilaçlar bir kimyasal bileşime sahip olduklarından, sentezlenen birçok bileşik hem tıp hem de eczacılık sahasındaki gelişmelere fazlasıyla katkıda bulunmaktadır.

Kimya sahasında Anorganik Kimya; seramik yapımından tutun da bakır üretimi, kum, kireç ve sodanın eritilmesiyle gerçekleşen cam yapımı, bileşimi kalsiyum silikatlara karşılık gelen portlant çimentosunun hazırlanması ve metalosenler adı verilen sandviç-tipi metal-karbon bağı içeren bileşiklerin sentezine kadar burada zikredilmeyen daha birçok alanla doğrudan ilişkili bir anabilim dalı olması nedeniyle oldukça önemli bir yere sahiptir. Anorganik kimyanın güncel konularından biri de kompleks ya da koordinasyon bileşiklerinin sentezi ve özelliklerinin incelenmesidir.

Koordinasyon bileşiği, Lewis asit-baz etkileşimiyle bir merkezi metal atomuna ligant adı verilen değişik sayıda atom veya atom gruplarının, bir atomu ile (tek dişli) ya da birden fazla atomu ile (çok dişli) koordinasyonu sonucu oluşur. Merkez atom, genellikle pozitif yüklü geçiş elementi iken ligantlar, üzerinde bir veya daha çok sayıda ortaklanmamış elektron çifti bulunan anyonik, moleküler ve nadiren de katyonik türlerdir.

İnsanlar, yapılarını bilmeksizin çok eski çağlardan beri koordinasyon bileşiklerini kullanmışlarsa da bu sahadaki sistematik çalışmalar 1789'da, Tassert 'in bir rastlantı sonucu bulduğu $CoN_6H_{18}Cl_3$ bileşiği ile başlamıştır.

$$4CoCl_2 + 24NH_3 + O_2 + 2H_2O \rightarrow 4[Co(NH_3)_6]^{3+} + 8Cl^- + 4OH^-$$

Tassert o yıllarda bilinen $CoCl_2.6H_2O$ formülünden hareketle bu kompleks için $CoCl_3.6NH_3$ formülünü önermiştir.

Koordinasyon bileşiklerinin yapısı konusundaki ilk çalışmalar, Danimarkalı Kimyager S. M. Jorgensen ve İsviçreli Alfred Werner tarafından gerçekleştirilmiştir. Werner, kompleks bileşiklerdeki kimyasal bağın niteliğini açılayabilmek için; yöne bağımlı olmayan ve kompleksteki iyonik bağın sayısını belirleyen birincil değerlik, yöne bağımlı olan ve kompleksteki koordinasyon sayısını belirleyen ikincil değerlik olmak üzere kompleksteki metal atomunun iki farklı değerliğe sahip olması gerektiğini ileri sürmüştür.

Werner'in bu çalışmalarından sonra, kompleks bileşiklerin oluşturduğu kimyasal bağların aydınlatılması amacıyla çeşitli kurallar ve teoriler önerilmiştir. 1927 yılında Sidgwick, Lewis'in kimyasal bağ modelinden hareketle koordinasyon bileşiklerinin de kararlı bir yapıya sahip olmaları için soy gaz yapısına ulaşmaları gerektiğini ileri sürerek etkin atom numarası (EAN) kuralını önermiştir. 1930'lu yıllarda Linus Pauling ligantlar ve merkez atomu arasında koordine kovalent bağın oluştuğunu, ayrıca değişik sayıdaki ligantlarla belirli yönlerde bağ yapmak için merkez atomunda hibritleşmenin olduğunu varsayan Değerlik Bağ Teorisini (DBT) önermiştir.

DBT ’nin komplekslerin renkleri ve spektroskopik özellikleri hakkında hiçbir açıklık getirmemesinden dolayı, 1929 yılında H. Bethe ve 1932’de J. H. Van Vleck tarafından geliştirilen ve merkez atomu ile ligantlar arasındaki etkileşimin tamamen elektrostatik, dolayısıyla oluşan bağın iyonik karakterli olduğunu kabul eden Kristal Alan Teorisi (KAT), 1950 yılından itibaren Kimyacılar tarafından kullanılmaya başlanmıştır. Böylece, komplekslerin yapısal ve spektroskopik özelliklerini açıklamak üzere DBT yerine KAT ’ın tercih edilmeye başlanmasıyla koordinasyon kimyası hızlı bir gelişme kaydetmiştir.

KAT, koordinasyon bileşiklerinin birçok özelliklerini açıklayabilmesi yanında bazı özelliklerin açıklanmasında yetersiz kalmaktadır. Bu yetersizlik, ligantların birer noktasal eksi yük olarak kabul edilmesinden dolayı merkez atomu orbitali ile ligant orbitali arasındaki örtüşmeyi dikkate almaması, oluşan bağı yüzde yüz iyonik kabul etmesinden kaynaklanmaktadır. Benzer şekilde bu teori yalnızca elektrostatik etkileşime yer vermesinden dolayı eksi yüklü $OH^-$ ’ın nötral $H_2O$’dan daha zayıf ve yine nötral olan CO ’nın çok kuvvetli bir ligant olmasını izah edememektedir. Bu ve benzeri eksikliklere, metal orbitalleri ile ligant orbitalleri arasındaki etkileşimleri yani komplekslerdeki kovalent bağın oluşumunu dikkate alan Molekül Orbitali Teorisi (MOT) açıklık getirmiştir. Daha sonra KAT ve MOT ’u birleştiren geçerliliği hala günümüzde de kabul edilen, özellikle spektrumların aydınlatılmasında KAT ’ın ve MOT ’un izah edemediği durumları açıklayabilen Ligant Alan Teorisi (LAT) geliştirilmiştir [1–3]. LAT ’ın kullanımı ile koordinasyon kimyası oldukça ileri bir düzeye ulaşmıştır.

Koordinasyon bileşiklerinin oluşturdukları bağları açıklamak amacıyla ileri sürülen bu teorilerin yanında, kompleks yapıları aydınlatmak amacıyla çeşitli spektroskopik tekniklerle birlikte X-ışını yöntemi, manyetik duyarlılık ve termik analiz teknikleri kullanılmaktadır.

IR spektroskopisi tekniği ile ligantlara ait fonksiyonel grupların karakteristik titreşim frekanslarına ilişkin değerlendirmelerden, ligantın metale koordine olup olmadığı, çok dişli ligantların hangi atomlar üzerinden merkez atomuna bağlandığı ve atomların bağlanma pozisyonları tahmin edilebilmektedir. Ayrıca komplekslerin kristal suyu içerip içermedikleri, yapıda hidrojen bağının bulunup bulunmadığı da tespit edilebilir.

UV-Vis çalışmalarıyla liganta ve metal kompleksine ait elektronik geçişler belirlenerek, kompleksin yapısı hakkında bilgi edinilebilir. Komplekslerde, kristal alan kararlılık enerjisi (KAKE), kristal alan yarılma enerjisi (KAYE), kompleks oluşum sabiti, kompleks stokiyometrisi, *d-d* geçişleri ve ligantın spektrokimyasal serideki yeri belirlenebilir. Komplekslerdeki metal iyonların elektronik yapılarına ait geçişler Orgel ve Tanabe-Sugano diyagramlarından yararlanılarak bulunabilir.

Manyetik duyarlılık çalışması ile kompleksin manyetik momenti belirlenmektedir. Manyetik moment değerinden kompleksin tek elektron sayısı bulunarak paramanyetik-diyamanyetik özellikleri, yüksek veya düşük spin hali tespit edilebilir. Bu bilgiler diğer spektroskopik tekniklerden alınan verilerle birleştirilerek kompleksin geometrisi ve yapısının aydınlatılması sağlanabilir.

X-ışınları kırınımı yöntemi, komplekslerin yapılarının aydınlatılmasında kullanılan çok önemli bir tekniktir. X-ışınları tek kristal çalışmaları ile de bir komplekste merkez atomuna koordine olan ligantın sayısı ve konumu, hangi atomlar üzerinden koordine olduğu, kompleksteki atomların bağ uzunlukları, bağ açıları, kompleksin geometrisi, birim hücrenin türü, birim hücredeki molekül sayısı ve hacmi gibi kristal parametreler belirlenerek kompleksin yapısı tamamen aydınlatılabilmektedir. X-ışınları toz kristal yöntemi ile de termik bozunma sonucu oluşan ürünlerin belirlenmesi mümkün olduğu gibi her bir kompleks için karakteristik olan düzlemlerarası uzaklıklar da belirlenebilir.

Koordinasyon bileşiklerinin özelliklerinin ve yapılarının incelenmesinde termik analiz çalışmaları son derece önemli bir yere sahiptir. Bu teknikle komplekslerin bozunma sıcaklıkları dolayısıyla termik kararlılıkları, varsa erime noktaları ve faz geçişleri, termik bozunma mekanizmaları ve bozunma basamaklarına ait kinetik veriler bulunabilmektedir.

Tüm bu teori, yöntem ve tekniklerin kullanılması bu alandaki çalışmalara fazlasıyla ışık tutarak yeni kompleks bileşiklerin yapılarının aydınlatılmasına katkıda bulunmakta ve bu alandaki çalışmaların her geçen gün daha da ileriye gitmesine yardımcı olmaktadır.

Koordinasyon Kimyası ile ilgili kitap ve ders notlarında pek sık rastlanmasa da bu alana dâhil edilebilecek, "içerme bileşikler" olarak da adlandırılan klatrat ve inklüzyon bileşikleri sentez edilip, yukarıda sayılan tekniklerin kullanımı ile birlikte yapıları aydınlatılmaya çalışılmıştır. Bu da koordinasyon kimyası sahasının daha da genişlemesine ve çeşitliliğine katkıda bulunmuştur.

Klatrat bileşikler, kafesli bir kristal örgüden oluşan iki bileşenli moleküler bir yapıdır. Konak olarak adlandırılan, farklı boyut ve şekillerde boşluklara sahip ana örgüye ikinci bir bileşen olarak konuk moleküller, ana örgü atomlarıyla herhangi bir kimyasal bağ yapmadan değişik oranlarda girerek yani hapsolarak klatrat yapılar meydana gelir. Bu yapılar iki farklı koordinasyona sahip, konak-konuk ilişkisinin olduğu iki bileşenli yapılardır [4, 5].

İnklüzyon yapılar ise makromoleküler yapıdaki bir bileşiğin (α-, β- ve γ-siklodektsrin gibi) örgü boşluğuna belirli oranda ve örgü hacmine uygun büyüklükte konuk olarak adlandırılan ikinci bir molekülün moleküllerarası kuvvetlerle örgüye tutunmasıyla oluşur. Bu tür bileşikler de konak-konuk ilişkisinin görüldüğü iki bileşenli yapılardır [6, 7].

İki bölümden oluşan bu tezin birinci bölümünde, dietanolamin ($DEAH_2$) ve trietanolamin ($TEAH_3$) ligantları kullanılarak şimdiye kadar literatürde olmayan Hofmann-tipine benzer konak yapıların sentez edilmesi; elementel analiz, manyetik duyarlık ölçümü ve IR spektroskopisi kullanılarak özelliklerinin incelenmesi ve yapılarının aydınlatılması, TG, DTG ve DTA teknikleriyle de termik özellikleri, termik bozunma mekanizmalarının ve termik bozunmalara ait kinetik parametrelerin belirlenmesi amaçlanmıştır.

Çalışmanın ikinci bölümünde ise, yine $DEAH_2$ ve $TEAH_3$ ligantları kullanılarak daha önce sentezlenmemiş Werner-tipine benzer konak yapıların hazırlanması ve yukarıda belirtilen tekniklerle birlikte tek kristal X-ışını yöntemi ve UV-Vis spektroskopisi de kullanılarak sentez edilen bu komplekslerin özellikleri incelenip, yapılarının aydınlatılması hedeflenmiştir.

# I. Bölüm

## Hofmann-Tipi Di- ve Trietanolamin İçeren Konak Yapılar

## 1.1. Hofmann-Tipi Yapılar

1897 'de ilk kez Hofmann ve Küspert tarafından [8] amonyaklı $Ni(OH)_2$ çözeltisinden birkaç gün yakıt gazı geçirilerek soluk menekşe renkli $Ni(CN)_2.NH_3.C_6H_6$ bileşiminde olduğu düşünülen klatrat bileşik sentez edilmiştir. Birkaç yıl sonra da Hofmann'nın çalışma grubu aynı bileşiği amonyaklı Ni(II)siyanür çözeltisine benzen ilave ederek hazırlamışlardır. 1906 'da yine aynı çalışma grubu $Ni(CN)_2.NH_3.C_6H_6$ 'daki benzen yerine anilin, fenol, pirol ve furan gibi maddeler kullanarak benzer Hofmann-tipi klatrat bileşikler elde etmişlerdir. Bununla birlikte, moleküler hacmi anilinden daha büyük olan alkil- veya dialkil benzen ve halobenzenler, naftalin, toluen gibi alifatik ve aromatik moleküllerle Hofmann-tipi klatrat bileşik sentezlenememiştir. Bu durum karşısında Hofmann, bu tür yapıların oluşmasında konuk molekül hacminin ve şeklinin son derece önemli olduğunu ileri sürmüştür [9].

Daha sonraları Hofmann ve Arnoldi tarafından [10] piridin ve tiyofen içeren $Ni(CN)_2.NH_3.C_5H_5N$ ile $Ni(CN)_2.NH_3.1/3C_4H_4S$ klatrat bileşikler rapor edilmiştir. Bu bileşiklerden birincisinin önerilen yapıda olmadığı, Hofmann-tipi konak inklüzyon bileşiklere benzer iki boyutlu bir yapıda olduğu ileri sürülürken, Pfeiffer ikinci bileşiğin $[(CN)_2(NH_3)Ni\text{-}CN\text{-}Ni(NH_3)(C_4H_4S)\text{-}CN\text{-}Ni(NH_3)(CN)]$ şeklinde trinükleer bir yapıda olduğunu ileri sürmüştür. Bu kabuller bazen bu tür yapıların kimyasal ve fiziksel özelliklerinin belirlenmesinde işe yaramış olmasına rağmen gerçekte her bir klatrat yapının özelliklerini belirlemede o yapının kimyasal bileşimi ve yapısının tam olarak bilinmesinin gerekli olduğunu ortaya çıkarmıştır [9]. Şekil 1.1'de benzen, anilin ve tiyofen içeren klatrat bileşiklere ait önerilen fakat doğru olmayan yapılar görülmektedir.

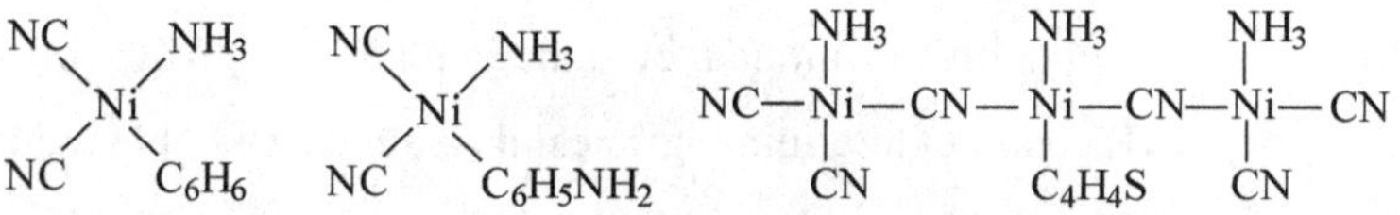

**Şekil 1.1.** Benzen, anilin ve tiyofen içeren Hofmann-tipi bileşikler için önerilen yapılar

Hofmann'ın benzenli bileşiği keşfinden yaklaşık yarım asır sonra Powell ve Rayner, $Ni(CN)_2.NH_3.C_6H_6$ şeklinde önerilen yapının aslında inklüzyon yapısında olan ve $[Ni(NH_3)_2Ni(CN)_4].2C_6H_6$ gibi gösterilen bir bileşimde olduğunu ileri sürmüşlerdir [11,12]. Önerilen iki metalli bu yapıda, iki Ni atomundan biri karedüzlem tetrasiyanonikelat(II), $[Ni(CN)_4]^{-2}$, diğeri dört $CN^-$ iyonunun ve iki $NH_3$ molekülünün N atomları ile oktahedral bir koordinasyona sahiptir.

Şekil 1.2'de de dört ve altı koordineli yapılara ait formüller verilmiştir. Bu yapılardan da görüldüğü gibi Ni atomları iki boyutlu düz bir ağ örgü şeklinde siyanür gruplarıyla birbirlerine bağlanmaktadır. Bu bağlanmada Ni-N (2,15 Å) ve Ni-C (1,76 Å) bağ uzunlukları arasında fazla bir fark yoktur. Ayrıca Ni(2) etrafındaki elektron yoğunluğu Ni(1) etrafındaki elektron yoğunluğundan daha düşüktür. Bu yüzden dört siyanür karbon atomunun Ni(2)'ye, azotunun da Ni(1)'e yöneldiği kabul edilmektedir [12].

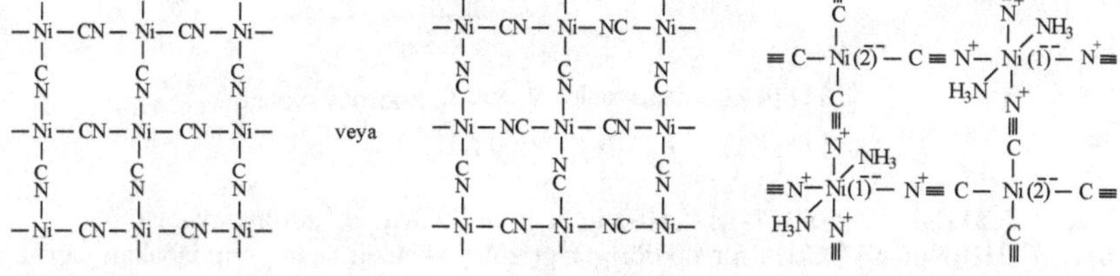


**Şekil 1.2.** Hofmann-tipi bir bileşiğe ait dört ve altı koordinasyolu yapılar

$[Ni(NH_3)_2Ni(CN)_4]_\infty$ tabakasına bağlı $NH_3$ molekülü bir sonraki tabakaya ait $NH_3$ molekülünün hemen altında bulunduğundan, bu şekilde oluşan yapı, içine $C_6H_6$ moleküllerinin girmesini sağlayacak büyüklükte dikdörtgenler prizmasına benzer bir şekilde boşluklar oluşturur (Şekil 1.3). Böyle bir durumda örgü, *trans* konumundaki iki amin ligantına ait azot atomlarıyla dört tetrasiyanonikelat(II)'a ait azot atomlarından oluşmaktadır [12, 13]. Konak molekül, alt ve üst tabakalarda çıkıntılar oluşturan amonyak molekülleri ile metal kompleks tabakaları içeren iki boyutlu tabakalı bir yapıya sahiptir. Tabakalarda dikey şekilde duran konuk aromatik moleküller komşu tabakalar arasına hapsolmaktadır. Konuk moleküller ile ana örgü atomları arasında doğrudan bir kimyasal bağ yoktur. Konuk molekülleri yapı içerisinde tutan polimerik tabakalar, van der Waals çekim kuvvetleri ile birarada tutulurlar.

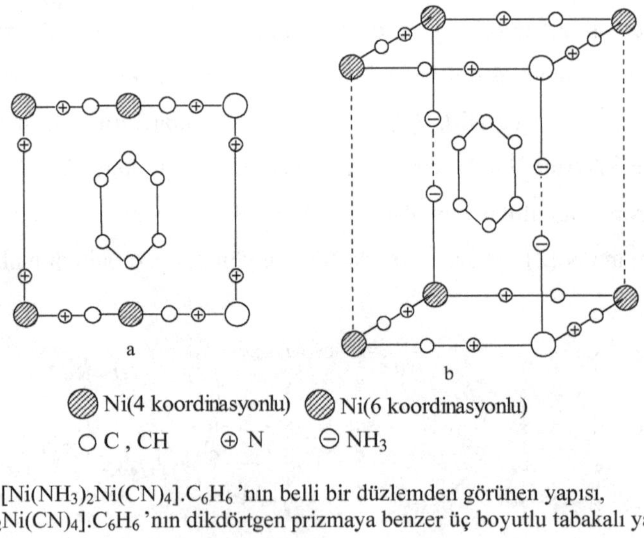


**Şekil 1.3. a)** $[Ni(NH_3)_2Ni(CN)_4].C_6H_6$ 'nın belli bir düzlemden görünen yapısı,
**b)** $[Ni(NH_3)_2Ni(CN)_4].C_6H_6$ 'nın dikdörtgen prizmaya benzer üç boyutlu tabakalı yapısı.

Şekil 1.4'de $[Ni(NH_3)_2Ni(CN)_4].2C_{12}H_{10}$ kompleksine ait tek kristal çalışmasıyla elde edilen moleküler yapı görülmektedir. Üç boyutlu bu yapıda bütün tetrasiyanonikelat(II)'a ait Ni-C-N bağ uzunluklarının hemen hemen aynı olduğu ve her bir boyuta ait Ni-C-N-M bağ uzunluğunun ise yaklaşık olarak M-N bağ uzunluğuna eşit olduğu bulunmuştur. Her biri kristalin c eksenine paralel olacak şekilde yerleşerek tabakalar arası örgüye dâhil olan bifenil molekülleri van der Waals etkileşimleriyle üst ve alt tabakaların oluşturduğu düzleme simetrik iki çift amonyak molekülü ile hapsedilmektedir [14].

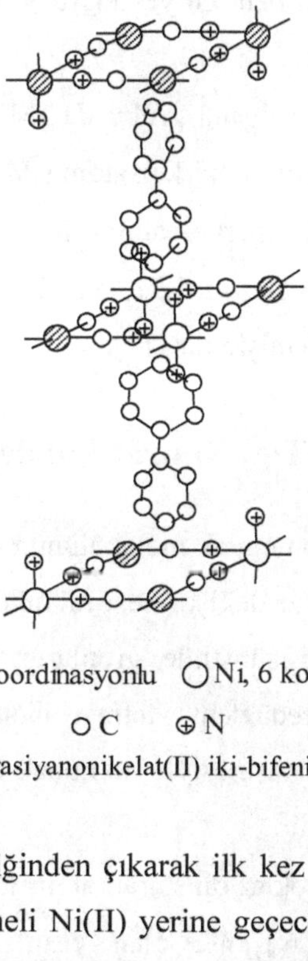


**Şekil 1.4.** Diaminnikel(II) Tetrasiyanonikelat(II) iki-bifenilin, $[Ni(NH_3)_2Ni(CN)_4]$. $2C_{12}H_{10}$, yapısı

Hofmann'ın orijinal bileşiğinden çıkarak ilk kez Baur ve Schwarzenback, konak örgüde altı-koordineli Ni(II) yerine geçecek olan Cd(II), Cu(II) ve Zn(II) gibi metaller kullanarak yeni klatratlar sentezlemişlerdir [15]. $[Cd(NH_3)_2Ni(CN)_4].3/2C_6H_6$, $[Cu(NH_3)_2Ni(CN)_4].C_6H_6$ ve $[Zn(NH_3)_2Ni(CN)_4].1/2C_6H_6$ bileşiklerinde konuk molekül sayısı Ni kompleksi de dikkate alınacak olursa verilen sıraya göre Ni'den Zn'ye doğru gidildikçe bir azalma gösterir. Bu zamanla konuk moleküllerin örgüden kısmen ayrıldığının bir göstergesi olarak yorumlanmakta ya da kompleks kararlığının Ni'den Zn'ye doğru gidildikçe azaldığının bir işareti olarak kabul edilmektedir. $[Zn(NH_3)_2Ni(CN)_4].1/2C_6H_6$ kompleksinin hazırlanıp düşük basınç altında ve konsantre $H_2SO_4$ içeren bir desikatörde kurutulması sırasında benzenin yanında $NH_3$'lerin de uzaklaştığının gözlenmesi, kompleks kararlılığının Ni'den Zn'ye doğru gidildikçe azaldığı ile ilgili yaklaşımı doğrulamaktadır.

Daha sonra Iwamoto'nun çalışma grubu da $[M(NH_3)_2M'(CN)_4].2K$ genel formülü ile altı koordinasyonlu merkez atomu M= Mn, Fe, Co, Ni, Cu, Zn ve Cd, dört koordinasyonlu merkez atomu $M'$ = Ni, Pd veya Pt ve konuk moleküller K= $C_4H_5N$, $C_4H_4S$, $C_6H_6$ ve $C_6H_5NH_2$ kullanarak benzer klatratlar bileşikler sentezlemişlerdir [16].

## 1.2. Farklı Hofmann-Tipi Klatrat Yapılar

Temelde konak yapıdaki amonyak molekülünün etilendiamin, trimetilamin gibi çok dişli ligantlarla yer değiştirmesi mümkün olduğu gibi amin veya diamin ligandına hacimli sübstitüe grupların bağlanması da mümkün olmaktadır. Ayrıca karedüzlem tetrasiyanometalat(II)'ın tetrahedral tetrasiyanometalat(II)'a dönüşmesiyle de konak molekülün yapısı ve örgü boşlukları değişebilmektedir.

$[Ni(CN)_4]^{2-}$ ve köprülü bloklar oluşturan amin türevleri kullanılarak genel formülü $[M(diamin)M'(CN)_4].nK$ olan çeşitli Hofmann-tipi klatratlar geliştirilmiştir [17]. Üç boyutlu bu konak yapılar, iki boyutlu olan ve komşu tabakalar arasında birbiriyle trans pozisyonda bulunan iki $NH_3$ ligantı yerine çok dişli ligantların geçmesiyle türetilirler. Bu yapı çok dişli ligantın oluşturduğu köprü sayesinde kararlılık kazanmaktadır. Hacimli sübstitüentlerle tek veya iki dişli amin ligantının oluşturduğu konak yapılarda örgü kısmen ya da tamamen sübstitüentler tarafından işgal edilir. Bu durumda örgü içindeki konuk molekül sayısı örgüyü işgal eden sübstitüentlerin sayısına bağlı olarak azalmaktadır. Bunun yanında amonyak yerine kullanılan dimetil aminli konak bir yapının tabakaları arası yüzeyini hidrofilik metil grupları işgal ettiğinden metil gruplarıyla kaplanan bu yüzeyler, örgüye girmeleri mümkün olmayan apolar karakterli toluen, ksilen, halo- ve diklorobenzen, naftalin gibi büyük hacimli molekülleri çekme eğilimi kazanmaktadır.

### *1.2.1. Piridin ve piridin türevli yapılar*

Hofmann-tipi konak bir moleküle benzer $[M(Py)_2Ni(CN)_4]$ (Py= $C_5H_5N$, M= Fe(II), Co(II), Ni(II), Cu(II), Zn(II) ve Cd(II)) formülünde kompleksler sentezlenerek, bunların IR spektrumları detaylı bir şekilde incelenmiştir [18]. $[Cd(Py)_2Ni(CN)_4]$'nin kristal yapısından, büzülme şeklinde bir eğilme ile *trans*-bipiridin Cd-katen-μ-siyanonikel(II) tabakalarından oluşan katlı bir yapıya sahip olduğu görülmüştür. Ayrıca altı koordinasyonlu merkez atomu Ni(II) veya Cd(II), ligant olarak da 3-metil ya da 4-metilpiridin, 4-kloropiridin, 4-fenilpiridin ve 4-tert.-bütilpiridin kullanılarak $[M(L)_2Ni(CN)_4]$ tipinde konak yapıların hazırlanması ve spektroskopik özelliklelerinin incelenmesi rapor edilmiştir [19–21].

### *1.2.2. Hidratlar*

Rayner ve Powell, Hofmann 'ın benzen içeren bileşiğine yapısal bir öneri getirdikten sonra $[Ni(NH_3)_2Ni(CN)_4].1/2H_2O$ 'nın kristal yapısını tayin etmişlerdir. $[Ni(NH_3)_2Ni(CN)_4].1/2H_2O$ bileşiğinin örgüsünde bulunan $H_2O$

konuk molekül olarak düşünülmüş ve bu bileşik bir klatrat olarak kabul edilmiştir [22].

Hofmann 'ın benzen klatratı, $[Ni(NH_3)_2Ni(CN)_4].2C_6H_6$, nötral veya asidik ortam kullanılarak $[Ni(H_2O)_2Ni(CN)_4]$ 'ye dönüştürülmüştür. Mathey ve Mazieres bu yapıların çeşitli hidratlarının bileşim ve yapılarını tartışarak, $[Ni(H_2O)_2Ni(CN)_4].nH_2O$ şeklinde farklı oranlarda kristal su (konuk molekül) içeren üç farklı yapının olduğunu rapor etmişlerdir [23]. Ayrıca bu yapıların elektronik spektrumları aynı çalışma grubu ile Ludi ve çalışma grubu tarafından incelemiştir [23–25].

### *1.2.3. Hofmann-en-tipi ve Hofmann-MEAH(2)-tipi yapılar*

Karedüzlem $[M(CN)_4]^{2-}$ ile Hofmann-etilendiamin(*en*)-tipi farklı konak ve klatrat bileşikler sentezlenerek bunların yapıları ve çeşitli spektroskopik özellikleri incelenmiştir [17, 26 –30].

Hofmann-MEAH(2)-tipi , $[Cd(MEAH)_2Ni(CN)_4].C_6H_6$, inklüzyon bileşiği hemen hemen $[Cd(en)Ni(CN)_4].C_6H_6$ ile benzer yapıdadır. MEAH, Hofmann-*en*-tipindeki *en*'e benzer bir biçimde komşu metal siyanür tabakalarıyla köprü oluşturmaktadır. Hofmann-*en*-tipi ve Hofmann-MEAH(2)-tipi inklüzyon bileşikleri üç boyutlu konak yapılar olmasına rağmen, MEAH(2)-tipi bir yapıda metal ve oksijen arasındaki koordinatif bağlanma, konak yapıyı bir arada tutmada yeterince kuvvetli olmadığından kararlı bir yapı oluşturamadığı görülmüştür [9, 17].

### *1.2.4. Hofmann-pn-tipi yapılar*

Hofmann-pn-tipi $[Cd(pn)Ni(CN)_4].3/2K$ (pn: propilendiamin, K: konuk molekül) inklüzyon bileşikleri Hofmann-*en*-tipi ve Hofmann-MEAH(2)-tiplerine benzer konak yapılardır. Fakat komşu metal kompleks tabakaları bu köprülü moleküle ait metil grupları tarafından işgal edildiğinden konak yapıdaki konuk molekül sayısı *en* ve MEAH'lı yapılara göre daha az bulunduğu belirlenmiştir [31].

### *1.2.5. Hofmann-MEAH(1)-tipi yapılar*

MEAH 'lı konak molekülün sulu çözeltisine pirol ya da tiyofen molekülleri ilave edildiğinde, $[Cd(MEAH)_2Ni(CN)_4].C_6H_6$ bileşiğinden farklı bir şekilde, $[Cd(MEAH)_2Ni(CN)_4].K$ bileşiminde kristaller elde edilmiştir. Konak yapıda iki çeşit MEAH molekülü vardır. Birincisinde MEAH 'ın hidroksil grupları bir konuk yerine bir örgü işgal etmektedir. Diğerinde ise MEAH, konuk ve MEAH 'ın bir ucu tarafından işgal edilen örgüyü ikiye ayıran bir sütun olarak davranmaktadır. Ayrıca Hofmann-MEAH(1)-tipi inklüzyon bileşiğinin Hofmann-MEAH(2)-tipi inklüzyon bileşiğinden çok daha kararlı olduğu tespit edilmiştir [9,17].

### *1.2.6. Metilaminler içeren kompleksler*

Monometilamin (mma), dimetilamin (dma) ve trimetilamin (tma) altı koordinasyonlu metaldeki $NH_3$ 'ler yerine bağlanarak Hofmann-tipi konak yapılar oluşturan aminlerdir. Bu aminler arasından dma'nin diğerlerinden belirgin bir şekilde farklı inklüzyon bileşikler oluşturduğu gözlenmiştir. Konak $[Cd(dma)_2Ni(CN)_4]$ örgüsüne toluen, ksilen, naftalin, klorbenzen, brombenzen, diklorbenzen ve o-, m- ve p-toluidin gibi hacimli moleküllerin de dâhil oldukları gözlenmiştir [9].

### *1.2.7. Ni(II)CN ve N-alkil aminlerin oluşturdukları yapılar*

N-alkil amin, nitriller veya alkoller gibi uzun zincirli yapıların ligant olarak kullanılması halinde susuz Ni(II)siyanür tabakaları arasındaki boşluklara bu moleküller girmekte, bu da az da olsa $Ni(CN)_4$ tabakalarının büyümesine neden olmaktadır. Katı sıvı arası bir kristal yapısına sahip ürünler oluşturan bu yapılar tam olarak bilinmemekle birlikte $Ni(CN)_4$ tabakaları arasına bu uzun zincirli yapıların interkale (araya sızma) oldukları kabul edilmektedir [9, 32].

### *1.2.8. Tetrahedral koordinasyonlu konak yapılar(Td-tipi)*

Üç boyutlu tetrahedral $[M'(CN)_4]^{-2}$ {M'=Cd(II) veya Hg(II)} anyonlarına azot uçlarından bağlanan Cd(II) metal iyonu çeşitli ligantlarla $[Cd(L)M'(CN)_4]$.nK şeklinde klatrat yapılar oluşturmaktadır [17, 33]. Bu tip konak-konuk bileşiklerin tek kristal çalışmaları ile yapı içinde iki tür boşluğun bulunduğu tespit edilmiştir. Şekil 1.5'de görüldüğü gibi bunlar, Hofmann-tipi konak yapısına benzer dikdörtgen prizma şeklindeki α-örgüsü, diğeri ise α-örgüsünün ayna düzleminde (şekildeki taralı yüzey) örgünün yarısının kendi ekseni etrafında 90° döndürülmesi ile elde edilen β-örgüsüdür. Td-tipi konak yapının Hofmann-tipi konuk yapılara oranla daha kararlı olduğu ve konuk molekülleri bünyesinde çok uzun süre tutabildiği, vakum, ezme ve ısıtma gibi işlemlerle konuk moleküllerin yapıdan kolay kolay ayrılmadığı gözlenmiştir [34 –36].

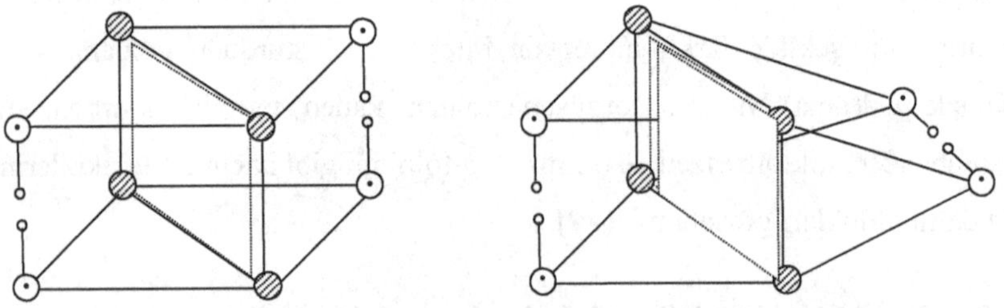

a b

o N ⊙ Cd(II) ▨ Hg(II) —CN

**Şekil 1.5. a)** Hofmann-tipi konak yapıya ait α-örgüsü **b)** Hofmann-tipi konak yapıya ait β-örgüsü

### *1.2.9. en-Td-tipi, tmn-Td-tipi ve pn-Td-tipi klatratlar*

$[M(NH_3)_2M'(CN)_4]$ konak yapıda iki $NH_3$'ün yerine *en*, tmn (trimetilendiamin) veya pn gibi iki dişli ligantların geçmesiyle tetrahedral-tipi yeni klatratlar sentez edilmiştir. Bunlardan Cd(*en*)-Cd-Bz ve Cd(*en*)-Hg-Bz'nin tek kristal çalışmaları ile tetragonal bir geometriye sahip benzer yapılar oldukları tespit edilmiştir. Ayrıca etilendiaminli klatrat yapıya anilin dâhil olmazken, tmn *en*'den $-CH_2-$ birim daha uzun olduğu için tmn-Td-tipi konak $[Cd(tmn)Cd$ (veya $Hg)(CN)_4]$ yapıya anilinin dâhil olduğu tespit edilmiştir. Hofmann-pn-tipine benzer ve genel formülü $[Cd(pn)Cd(CN)_4].3/2K$ olan pn-Td-tipinde, iki metil grubu örgüde bir konuk molekülün yerine geçse de inklüzyon bileşikler verdikleri tesbit edilmiştir [31].

Tedrahedral üç boyutlu konak yapıların konuk molekülleri karedüzlem yapılardan çok daha sıkı bir şekilde örgüde tuttukları, ancak 80 °C'de birkaç günde konuk moleküllerin örgüden tamamen uzaklaştığı gözlenmiştir. Bu tür bileşiklerde kararlılığın, kısmi bozunma normal şartlarda yüzeyde oluşmasına rağmen, katlanıp bükülen(çöken) yüzey yapısının korunmasından dolayı olduğu ileri sürülmüştür [34–36].

## 1.3. Kimyasal Özellikleri

### *1.3.1. Hazırlanması ve bileşimi*

Genellikle Hofmann-tipi inklüzyon bileşiği, sulu çözeltilerinde $[M(NH_3)_n]^{2+}$ ve $[M'(CN)_4]^{2-}$ kompleks iyonların karışımı şeklinde bulunur. Sulu toluen, ksilen gibi konuk moleküllerin organik fazı ile konak moleküllerin bulunduğu sulu çözeltilerin karışımı sonucu elde edilirler. Eğer bu karışım kuvvetlice çalkalanacak olursa yüksek verimlerde inklüzyon bileşikler oluşmaktadır. Fakat bu yol $[M(NH_3)_2M'(CN)_4].nH_2O$

hidrate metal kompleksin oluşumuna da neden olur. Böyle bir yöntem, konuk moleküllerin inklüzyonunun tam olmaması, geniş bir yüzey alanına sahip ve toz haldeki ürünün kararsız oluşu nedeniyle tercih edilmez. Bu yüzden hidrate klatratın oluşmaması için pH'nın belli bir değerde tutulması gerekmektedir. Bununla birlikte konuk aromatik molekül yerine su kullanılarak hidrate klatrat bileşikler sentezlenmiştir [37].

Bu bileşiklerin tek kristalleri, sulu çözelti ile organik fazın temasta olduğu ara fazda, bir soğutucu içinde birkaç gün, birkaç hafta veya birkaç ay bekletilmesiyle elde edilebilmektedir [9].

### *1.3.2. Kullanıldığı yerler*

Çeşitli Hofmann-tipi inklüzyon bileşikleri sorpsiyon(tutma) yeteneklerine sahiptirler. Stokiyometrik olmayan $[Zn(NH_3)_2Ni(CN)_4].0,2C_6H_6$ klatratı β-pikolin ve alkoller gibi bileşiklerin buharlarıyla etkileştirildiğinde örgüye absorbe oldukları görülmüştür. $[Ni(NH_3)_2Pt(CN)_4].2C_6H_6$ kloroform, dimetilformamit, nitrobenzen ve etilenglikolmonoetileter gibi çözücüler içerisinde bırakıldığında örgüdeki konuk benzen molekülleri ile bu çözücülerin tamamen veya kısmen yer değiştirdikleri tespit edilmiştir.

Çeşitli tetrasiyanonikelat(II) komplekslerinin tutma özelliklerine sahip oldukları görüldükten sonra bunların ayırma yetenekleri incelenerek, gaz kromatografisinde sabit faz olarak kullanılıp kullanılmayacakları denenmiştir. Bu amaçla anilin, metilanilin ve dimetilanilinden oluşan bir karışımın, $[Cu(en)_2Ni(CN)_4].0,14C_6H_6$ ve $[Zn(en)_2Ni(CN)_4].0,14C_6H_6$ kompleksleri sabit fazlar olarak kullanıldıklarında uygun bir şekilde ayrıldıkları görülmüştür. Benzer bir şekilde sabit faz olarak sadece $[Zn(en)_2Ni(CN)_4].0,14C_6H_6$ kompleksi kullanılarak, aromatik aminlerin bir karışımı ayırdedilebilmiştir. Bu aromatik moleküllerin ayrılma sıralarının kaynama noktalarıyla ters orantılı olarak değiştiği tespit edilmiştir. Kaynama noktası ve ayrılma sırası arasındaki böylesine ters bir ilişki sabit faz olarak diğer konak örgüler kullanıldığında da gözlenmiştir. Sonuçta stokiyometrik olmayan oranlarda konuk moleküller (su dahil) içeren Hofmann-tipi klatrat yapıların gaz kromatografisinde sabit fazlar olarak kullanılabildiği ve bu yapıların konuk molekülün yapıdan uzaklaştığı sıcaklık aralığında optimum bir ayırma yeteneğine sahip oldukları tespit edilmiştir [38].

### *1.3.3. Seçiciliği*

Hofmann-tipi metal kompekslere alkil, halo, nitro ve hacimli olmayan 5 veya 6 üyeli aromatik moleküller dahil olabilmektedir. Fakat konak örgü hacmi M-N-C-M' bağ uzunluğu ile orantılı olduğundan örgüye hacimli sübstitüe grupların girmesi mümkün değildir. Örneğin, flor benzen $[Cd(NH_3)_2Pd(CN)_4]$ kompleksine florun yarıçapının küçük olması nedeniyle dâhil olabilmektedir. Fakat daha hacimli sübstitüe gruplar içeren aromatik moleküllerin bu komplekse giremedikleri görülmüştür [9].

### *1.3.4. Kararlılığı*

Hofmann 'ın klatrat bileşiklerinin kararlılığı, örgüdeki moleküllerin normal haldeki buhar basınçlarına bağlı olmakla birlikte oda sıcaklığında dahi bu konuk moleküller örgüden yavaş yavaş uzaklaşmaktadırlar. Örneğin, $[Ni(NH_3)_2Ni(CN)_4].C_6H_6$ kompleksinde benzenin oda sıcaklığında bile uzaklaştığı tespit edilmiştir. Ayrıca $[Ni(NH_3)_2Ni(CN)_4].C_6H_6$ ve $[Ni(NH_3)_2Pd(CN)_4].C_6H_6$ bileşiklerindeki benzen moleküllerinin 130 °C'de örgüden tamamen uzaklaştıkları görülmüştür. $[Cu(NH_3)_2Ni(CN)_4].C_6H_6$ ve $[Cu(NH_3)_2Pd(CN)_4].C_6H_6$ bileşiklerinde ise termik ayrışımın ilk basamağında benzen moleküllerinin tamamı ile amonyak moleküllerinin uzaklaştığı tespit edilmiştir. Bununla birlikte $[Cd(NH_3)_2Ni(CN)_4].C_6H_6$ ve $[Cd(NH_3)_2Pd(CN)_4].C_6H_6$ komplekslerinde ilk basamakta örgüdeki 2 mol $C_6H_6$ molekülünün 1 molü uzaklaşırken 200 °C'de (ikinci basamakta) kalan 1mol $C_6H_6$ ile $NH_3$'lerin uzaklaştığı görülmüştür [9].

## 1.4. Etanolaminler

Endüstrinin bir çok alanında kullanılan monoetanolamin (MEAH), dietanolamin ($DEAH_2$) ve trietanolamin ($TEAH_3$), amino alkoller grubuna dahil edilen organik bileşiklerdir. Etanolaminler ticari olarak etilen oksitle amonyağın reaksiyonu sonucu elde edilirler. Bu reaksiyon sonucu karışım halinde bulunan MEAH, $DEAH_2$ ve $TEAH_3$'in bir dizi ayırma yöntemine tabi tutularak istenen saflıkta ele geçtiği belirlenmiştir.

Fiziksel olarak etanolaminler renksiz ve oda sıcaklığında viskoz sıvılardır. Bu grupta $DEAH_2$ 28,0 °C ile en yüksek erime noktasına sahipken, MEAH 10,5 °C'de ve $TEAH_3$'de 21 °C'de erimektedir. Hepsi genel olarak yüksek kaynama noktasına sahip olup daha yüksek sıcaklıkta özellikle dietanolamin parçalanmaktadır. Etanolaminler higroskopik özellikte olduklarından suyla, alkollerle ve poliollerle rahatlıkla karışırlar. Kendileri ve sulu çözeltileri bazik karakterlidir. Tüm etanolaminler göz ve ciltte değişik miktarda hasara sebep olurlar.

### *1.4.1. Kullanım alanları*

Etanolaminler kimyasal ara madde olarak kozmetik sanayiinde, yüzey aktif maddelerin üretiminde, yapay ipek üretiminde, emülsiyonlaştırıcı ve plastikleştirici maddelerin üretiminde, sabun ve deterjan sanayiinde, çözünebilir yağların üretiminde, çimento katkı maddelerinin üretiminde, cilt bakım ürünlerinde, boya ve cila sanayiinde, fotoğraf filmi üretiminde, lastik ve kauçuk sanayiinde, insektisit ve herbisitlerde, korozyon ihibitörlerinde ve özellikle rafinerilerde $CO_2$ ve $H_2S$ gibi asidik gazların uzaklaştırılmasında kullanılır. $DEAH_2$-$TEAH_3$ karışımı daha çok sabun ve deterjan sanayii ve deri endüstrisinde yaygın olarak kullanılmaktadır [39].

### *1.4.2. Ligant özellikleri*

Etanolaminli bazı kompleksler, etanolamindeki alkol grubuna ait bir H 'nin uzaklaşarak etanolaminat 'a dönüşmesi ile gerçekleşmektedir. Bu tezde de çalışılan etanolaminlerde benzer bir durumla karşılaşıldığından, monoetanolamin MEAH, dietanolamin $DEAH_2$ ve trietanolamin de $TEAH_3$ şeklinde gösterilmiştir.

Monoetanolamin ya da 2-aminoetanol, $NH_2(CH_2CH_2OH)$, Şekil 1.6'daki açık yapısından da görüldüğü gibi azot ya da oksijen ucunu kullanarak tek dişli, her iki ucu kullanarak da iki dişli ligant olarak davranabilir. MEAH 'la ilgili çalışmalardan bu ligantın azot ve oksijen ucuyla merkez atomuna iki dişli ligant olarak koordine olduğu görülmüştür [17, 40–42].

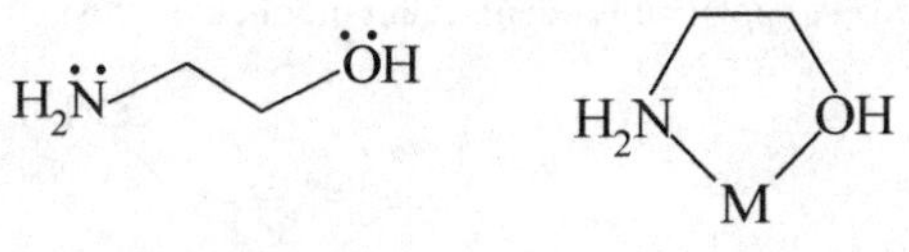


**Şekil 1.6.** Monoetanolamin 'in yapısı ve iki dişli ligant olarak davranışı

MEAH 'nın iki dişli ligant olarak davranışı yanında, özellikle geçiş metallerinden bakır ile yaptığı komplekslerde, bir OH hidrojenini kaybederek anyonik ligant olarak merkez atomuna Şekil 1.7'de de görüldüğü gibi köprü vazifesi yapacak şekilde koordine olduğu bilinmektedir [40, 41].

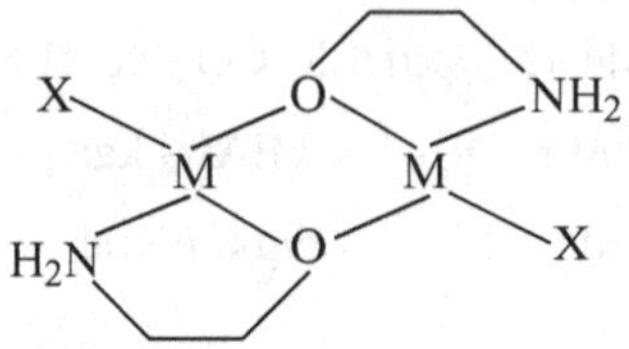

**Şekil 1.7.** Monoetanolamin 'in anyonik ligant olarak davranışı

2,2'-iminodietanol, bis(β-hidroksietil)amin ya da 2,2'-dihidroksidietilamin olarak da adlandırılan dietanolamin, $NH(CH_2CH_2OH)_2$, MEAH'da olduğu gibi N ve bir OH oksijenini kullanarak merkez atomuna iki dişli nötral ligant olarak koordine olduğu gibi, bir OH hidrojenini kaybederek köprü oluşturacak şekilde iki dişli anyonik ligant olarak da koordine olabilmektedir(Şekil 1.8, 1.9) [40, 43].

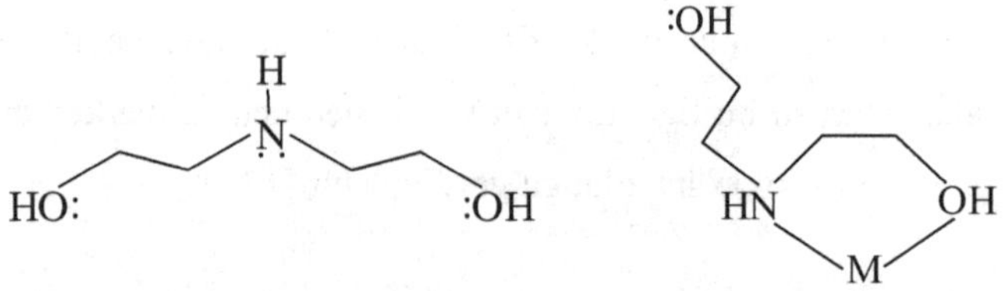

**Şekil 1.8.** Dietanolamin 'in yapısı ve iki dişli ligant olarak davranışı

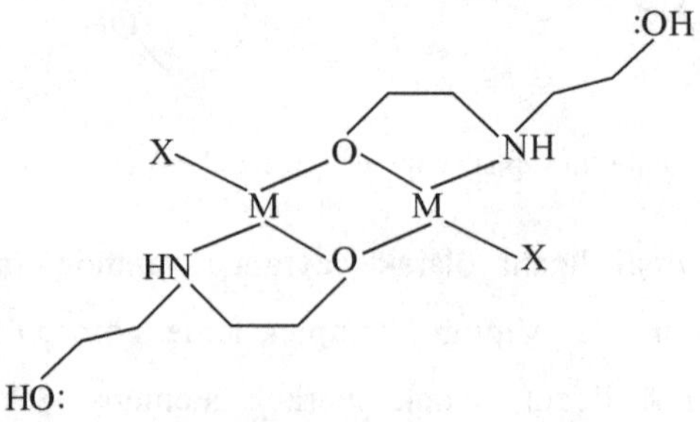

**Şekil 1.9.** Dietanolamin 'in anyonik ligant olarak davranışı

$DEAH_2$'nin *N* ve OH oksijeni ile merkez atomuna koordine olması yanında, Sharma ve çalışma grubu, Şekil 1.10'da da görüldüğü gibi, dietanolaminin toprak alkali metallerle yaptığı bileşiklerde yine iki dişli ligant olarak iki OH oksijeninden merkez atomuna koordine olduğunu rapor etmişlerdir [44].

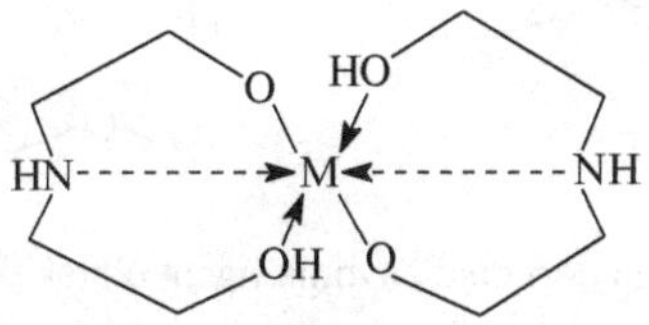


**Şekil 1.10.** Dietanolamin 'in OH 'ler üzerinden iki dişli ligant olarak bağlanışı

Etanolaminlerin son üyesi olan tris(2-hidroksietil)amin veya 2,2',2"-tri hidroksitrietilamin olarak da adlandırılan trietanolaminin ise, $N(CH_2CH_2OH)_3$, merkez atomuna üç ya da dört dişli nötral ya da anyonik ligant olarak koordine olduğu literatürlerde geçmektedir [45–47]. Şekil 1.11ve 1.12'de trietanolaminin açık yapısı, üç dişli nötral ve dört dişli anyonik ligant olarak davrandığı yapılar görülmektedir.

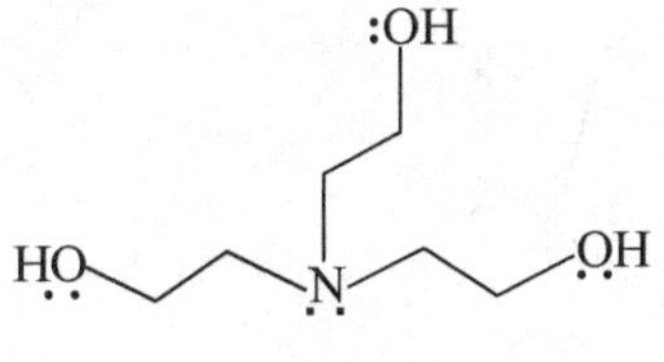


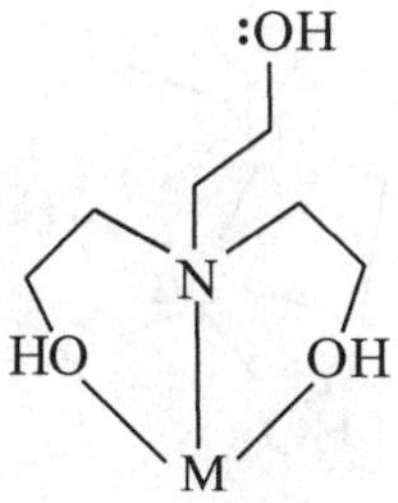


**Şekil. 1.11.** Trietanolamin 'in yapısı ve üç dişli ligant olarak davranışı

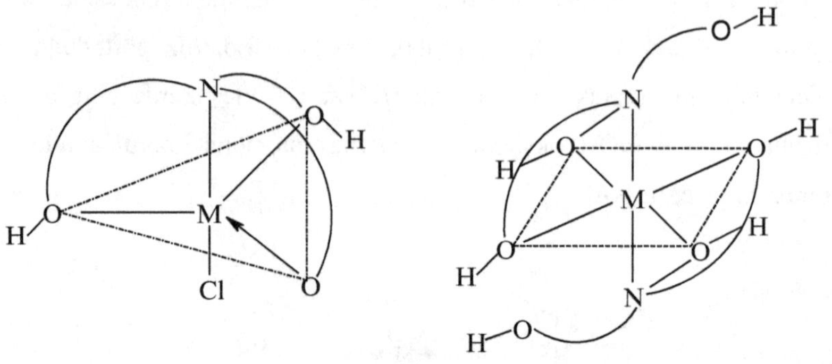


**Şekil. 1.12.** Trietanolamin 'in dört dişli anyonik ligant olarak davranışı ve üç dişli nötral oktahedral düzeni

$TEAH_3$ 'ün bu bağlanma türleri yanında, MEAH ve $DEAH_2$'de olduğu gibi, Cu(II), Cd(II) ,Re(II) gibi metal iyonları ile yaptığı komplekslerde bir OH hidrojenini kaybederek köprü oluşturacak şekilde merkez atomuna üç dişli ligant olarak koordine olduğu görülmüştür [48,49]. Şekil 1.13'de de $TEAH_3$'ün Cu(II) ile yaptığı dimerik yapı verilmiştir.

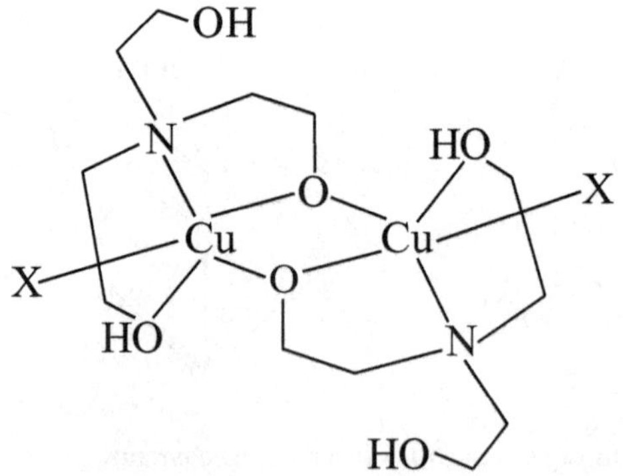


**Şekil 1.13.** Trietanolamin 'in köprü ligant olarak davranışı

## 1.5. Termik Analiz

Herhangi bir numune önceden belirlenmiş bir programa göre ısıtılıyor veya soğutuluyorken numunede meydana gelen fiziksel değişimlerin aynı anda kaydedildiği tekniklerin genel adına termik analiz (TA) denir. Isıtma sonucu meydana gelen erime, süblimleşme, buharlaşma, faz geçişi, termik bozunma, oksitlenme, heterojen kataliz, katılma ve çift bozunma gibi olaylar, TA tekniklerinin tek tek veya eşzamanlı olarak numuneye uygulanmasıyla aydınlatılabilir [50–54]. Isıtma sonucu oluşan genel termik olaylar aşağıda Tablo 1.1'de verilmektedir.

**Tablo 1. 1.** Isıtma sonucu meydana gelen genel termik olaylar

| | | | |
|---|---|---|---|
| $A_{(k1)}$ | → | $A_{(k2)}$ | Faz geçişi |
| $A_{(k)}$ | → | $A_{(s)}$ | Erime |
| $A_{(k)}$ | → | $A_{(g)}$ | Süblimleşme |
| $A_{(k)}$ | → | $B_{(k)}$ + gaz | Termik bozunma |
| Amorf katı | → | Plastik katı | Camsı geçiş |
| $A_{(k)} + B_{(g)}$ | → | $C_{(k)}$ | Oksitlenme |
| $A_{(k)} + B_{(g)}$ | → | Gaz | Buharlaşma |
| $A_{(k)} + (gaz)_1$ | → | $A_{(k)} + (gaz)_2$ | Heterojen kataliz |
| $A_{(k)} + B_{(k)}$ | → | $AB_{(k)}$ | Katılma |
| $AB_{(k)} + CD_{(k)}$ | → | $AD_{(k)} + CD_{(k)}$ | Çift bozunma |

TA çalışmalarında termogravimetri, türevsel termogravimetri, diferansiyel termik analiz ve diferansiyel taramalı kalorimetri teknikleri oldukça sık kullanılmaktadır. Bunların tanımı ve önemi aşağıda özetlenmiştir.

### *1.5.1. Termogravimetri (TG)*

Numunenin sıcaklığı doğrusal bir hızla artıyorken, aynı anda numune sıcaklığı ve ağırlığının sürekli olarak kaydedildiği tekniğin adıdır. Termogravimetrik bir eğri ağırlık kaybının sıcaklığa bağlı olarak değişimiyle elde edilir. Isıtma ile ayrışan bir maddenin uçucu ürünlerini kaybetmesi sonucu ağırlığında bir azalma meydana gelir. Uçucu reaksiyon ürünlerinin uzaklaşması sonucu meydana gelen numune ağırlığındaki azalma bir maddedeki kimyasal değişiklerin belirlenmesinde önemli bir değişken olarak kullanılmaktadır. Bir TG eğrisi, farklı sıcaklık aralıklarında meydana gelen ve birbirini izleyen reaksiyonlarla oluşan uçucu ürünleri, bir seri ağırlık kaybı basamağı olarak gösterir.

Numune ısıtılırken, etrafındaki atmosferle etkileşmediği sürece ağırlığı aynı kalır veya azalır. Bazı durumlarda ağırlık artışı da gözlenebilir. Ağırlık artışı çok sık rastlanan bir olay olmayıp, genellikle yükseltgen bir atmosfer varsa meydana gelir [50]. Numune ağırlığındaki değişim, kalan ağırlık veya ağırlık kaybı olarak gram, miligram cinsinden verildiği gibi, yüzde veya fraksiyonel ağırlık kaybı olarak da ifade edilebilir.

### *1.5.2. Türevsel termogravimetri (DTG)*

Bu teknikte numunenin ağırlık kaybı hızı, numune sıcaklığının fonksiyonu olarak kaydedilir. DTG eğrisi yakın sıcaklıklarda meydana gelen iki veya daha fazla olayın çözümünü, TG eğrisine göre daha iyi gösterir. Aynı zamanda DTG eğrilerinden elde edilen sonuçların diğer termik analiz teknikleriyle elde edilen sonuçlarla karşılaştırılması daha kolaydır. Bir DTG eğrisi, farklı basamaklara karşılık gelen bir seri piklerden ibarettir. DTG eğrisinin pik sıcaklığı, TG eğrisinin dönüm noktası sıcaklığına karşılık gelir.

### *1.5.3. Diferansiyel termik analiz (DTA)*

Aynı şartlar altında ısıtılan (veya soğutulan) numune ve inert referans arasındaki sıcaklık farkının, zamanın veya sıcaklığın bir fonksiyonu olarak kaydedildiği tekniğin genel adına DTA denir.

Isıtma sırasında numunede gerçekleşen fiziksel veya kimyasal olay sonucu bir ısı açığa çıkıyorsa, numune sıcaklığı referansa göre geçici olarak yükselir ve DTA eğrisinde ekzotermik pik olarak gözlenir. Tersine gerçekleşen olay ısı alarak oluşuyorsa, numunenin sıcaklığı refansa göre geçici olarak düşer ve bu olay da endotermik pik şeklinde gözlenir. Numunede oluşan kimyasal dönüşümler DTA eğrilerinde geniş ve yayvan pikler oluştururken, erime, faz dönüşümü gibi fiziksel olaylar genellikle hızlı değişen keskin pikler oluştururlar [51, 52].
Bununla birlikte numunede herhangi bir fiziksel veya kimyasal değişiklik olmasa bile, normal olarak numune ve referans arasında ısı kapasitesi ve termik iletkenlikten ileri gelen küçük bir sıcaklık farkı gözlenir.

### *1.5.4. Diferansiyel taramalı kalorimetri (DSC)*

DSC, aynı şartlarda ısıtılan (veya soğutulan) numune ve referans arasındaki enerji farkının, zamanın ya da sıcaklığın bir fonksiyonu olarak kaydedildiği tekniktir. Bu teknikte numune ile referans arasındaki sıcaklık farkını sıfır yapmak için verilen veya alınan enerji miktarı (elektrik güç farkı) ölçülür. DSC'de DTA'da olduğu gibi numune ve referansın termik özelliklerinin tamamen uyması da gerekmez.

DSC tekniği reaksiyon ısısı, dönüşüm ısısı ve özgül ısı gibi kantitatif ölçümlerde DTA'ya göre daha kullanılışlıdır. Çünkü DSC'de pik alanı dönüşüm ısısıyla doğrudan orantılıdır. [53]. Bu tekniklerle birlikte diğer TA teknikleri Tablo 1.2'de özetlenmiştir.

**Tablo 1.2.** Termik analiz teknikleri

| **Ölçülen fiziksel özellik** | **Tekniğin adı ve kısaltılması** | |
|---|---|---|
| Numune ağırlığı | Termogravimetri* | TG* |
| Ağırlık kaybı hızı | Türevsel Termogravimetri | DTG |
| Numune sıcaklığı | Isıtma veya soğutma eğrisi | - |
| Numune ve referans arasındaki sıcaklık farkı | Diferansiyel termik Analiz* | DTA* |
| Numune ve referans arasındaki enerji farkı | DiferansiyelTaramalı Kalorimetri* | DSC* |
| Özgül ısı | Dinamik Adyabatik Kalorimetri | DAC |
| Numune uzunluğu veya hacmi | Dilatometri | - |
| Uçucu ürünlerin toplam miktarı | Uçucu Gaz Belirlenmesi* | EGD* |
| Belirli uçucu ürünlerin yapısı ve miktarı | Uçucu Gaz Analizi* | EGA* |
| Manyetik duyarlık | Termomagnetometri | TM |
| Bastırılabilirlik, sertlik ve genleşme | Termomekanik Analiz | TMA |

* *ICTA( Uluslararası Termik Analiz Konfederasyonu) tarafından kullanılması önerilen isimler ve kısaltmalar*

## 1.6. Termik Bozunma Kinetiği

Termik analiz çalışmalarındaki tepkimeler genel olarak heterojen tepkimelerdir ve bu tepkimelerin deneysel sonuçlarından kinetik bilgilerin elde edilmesi oldukça zordur. Katı bir numune ısıtıldığı zaman, meydana gelen değişikliklerden birisi de bozunmadır. Katı bozunma mekanizması ve bozunmaya ait kinetik bilgiler hem teorik hem de pratik açıdan son derece önemlidir [55].

Termik bozunma tepkimelerinin kinetik çalışmasının esası, bozunma kesrinin ($\alpha$), sabit sıcaklıkta zamanın (t) veya doğrusal olarak artan bir sıcaklık programına göre sıcaklığın (T) bir fonksiyonu olarak hesaplanmasına dayanır. Dinamik metotlarda $\alpha$ ve T, izotermik metotlarda ise $\alpha$ ve t değerleri dikkate alınır. Bir reaksiyonun bozunma kesri aşağıdaki eşitlikle verilir;

$$\alpha = \frac{m_0 - m}{m_0 - m_s}$$

Bu bağıntıda, $m_0$: numunenin ilk kütlesi; m: herhangi bir T sıcaklığındaki kütle; $m_s$: son kütledir.

Genel olarak katı bozunma tepkimelerinin yüzeyden ve kristalin kusurlu bölgelerinden başladığı çeşitli gözlemlerle doğrulanmıştır. Katı ürün çekirdeği oluşurken gaz ürünler uzaklaşır. Bu çekirdeklerin şekli kristal yapı tarafından yönlendirilir ve bazı bölgelerdeki bozunmalar diğerlerinden daha çabuk oluşabilir [54].

Dinamik kinetik çalışmalarda kullanılan genel diferansiyel metotlar [55–59] Tablo 1.3 ve genel integral metotlar da [60–63] Tablo 1.4'de verilmiştir.

**Tablo 1.3.** Dinamik kinetik çalışmalarda kullanılan diferansiyel metotlar

| Metot | y | x | Eğim = m | Kesim noktası = c |
|---|---|---|---|---|
| Achar, Brindley ve Sharp | $\ln[(d\alpha/dT)/g(\alpha)]$ | $1 / T$ | $- E / R$ | $\ln(A/\phi)$ |
| Piloyan | $\ln(d\alpha/dT)(\alpha<0,5)$ | $1 / T$ | $- E / R$ | $\ln(A/\phi) + \ln(g(\alpha))$ |
| Carrol ve Manche | $\ln(\phi d\alpha/dT)$ | $1 / T$ | $- E / R$ | $\ln(A) + \ln(g(\alpha))$ |
| Freeman ve Carrol | $[\Delta\ln(d\alpha/dT)/\Delta\ln(1-\alpha)]$ | $[\Delta(1/T)/\Delta\ln(1-\alpha)]$ | $-E / R$ | n |
| | veya $[\Delta\ln(d\alpha/dT)/\Delta(1/T)$ | veya $[\Delta\ln(1-\alpha)/\Delta(1/T)]$ | n | $- E / R$ |
| Fuoss, Sayler ve Wilson | $(d\alpha/dT)_{mak}(n/(1-\alpha_{mak}))$ | $(1 / T_{mak})^2$ | $E / R$ | 0 |
| Kissinger | $\ln(\phi/(T_{mak})^2)$ | $1 / T_{mak}$ | $- E / R$ | 0 |
| Ozawa | $\ln\phi$ | $1 / T$ | $- E / R$ | $\ln(AE/R) + \ln(g(\alpha_{mak}))$ |
| Borchardt ve Daniels | $\ln(\Delta T/(S-s)$ veya | $1 / T$ | $- E / R$ | lnA |
| | $\ln((dH/dt)/(S-s))$ | | | lnA |
| Flynn ve Wall | $\Delta(T^2 d\alpha/dT)$ | $\Delta\alpha$ | $(E / R)+2T$ | 0 |

**Tablo 1.4.** Genel olarak kullanılan integral metotlar

| Metot | | y | x | Eğim = m | Kesim noktası = c |
|---|---|---|---|---|---|
| Coats – Redfern | $n \neq 1$ | $\log[1-(1-\alpha)^{1-n}/ T^2(1-n)$ | $1 / T$ | $- E / 2,3R$ | $\log(AR/E\phi)[1-2RT/E]$ |
| | $n = 1$ | $\log[-\log(1-\alpha)]/ T^2$ | $1/ T$ | $- E / 2,3R$ | $\log(AR/E\phi)[1-2RT/E]$ |
| Horowitz Metzger | $n \neq 1$ | $\ln[(1-c)^{(1-n)}/(1-n)]$ | $\theta$ | $E / RT_s^2$ | 0 |
| | $n = 1$ | $\ln \ln [1/ c]$ | $\theta$ | $E / RT_s^2$ | 0 |
| Van – Krevelen | $n \neq 1$ | $\ln\left\lvert\frac{(1-\alpha)^{1-n}-1}{(1-n)}\right\rvert$ | $\ln T$ | $E / RT_m+1$ | $\ln[(AR/E\phi)(0,368/T_m)^{E/RT_m} (T_m+1)]$ |
| | $n = 1$ | $\ln[\ln(1- \alpha)]$ | $\ln T$ | $E / RT_m+1$ | $\ln[(AR/E\phi)(0,368/T_m)^{E/RT_m} (T_m+1)]$ |
| Reich – Levi | $n = 1$ | $\ln[\ln(1- \alpha)]$ | $1/ T$ | $-E / R$ | $\ln(A\Delta T/ \phi)$ |
| | $n = 0$ | $\ln \alpha$ | $1/ T$ | $-E/ R$ | $\ln(A\Delta T/ \phi)$ |

# II. Materyal ve Metot

## 2.1. Materyal

Komplekslerin sentezinde Merck marka $DEAH_2$, $TEAH_3$ ve metal tuzları olarak $NiSO_4.6H_2O$, $CoSO_4.6H_2O$, $CuSO_4.5H_2O$, $ZnCl_2.2H_2O$ ve $CdSO_4.6H_2O$; çözücü olarak da saf su ve yine Merck marka metanol, etanol ve aseton kullanılmıştır.

## 2.2. Komplekslerin Genel Hazırlanışı

2,63 g (10,0 mmol) $NiSO_4.6H_2O$ 15 mL saf suda çözüldü. Daha sonra manyetik karıştırıcı ile karıştırılan bu çözelti ortamına 15 mL saf suda çözünen 2,60 g (40,0 mmol) KCN çözeltisi yavaş yavaş ilave edilerek turuncu renkli potasyum tetrasiyanonikelat(II) iki su, $K_2[Ni(CN)_4].2H_2O$, kompleksi elde edildi.

$$NiSO_4.6H_2O + 4KCN \rightarrow K_2[Ni(CN)_4].2H_2O + K_2SO_4 + 4H_2O$$

Yaklaşık 20 mL 1,05 g (10,0 mmol) $DEAH_2$ veya 1,49 g (10,0 mmol) $TEAH_3$ ve 10,0 mmol metal sülfatın bulunduğu çözelti manyetik karıştırıcı ile karıştırılarak üzerine yavaş yavaş 30 mL $K_2[Ni(CN)_4].2H_2O$ çözeltisi ilave edildi. Kompleks oluşumunun tamamlanması için bulanık çözelti yaklaşık altı saat karıştırıldı. Daha sonra ele geçen katı madde su trombu kullanılarak süzüldü, yeter miktarda saf su ve alkolle yıkandı ve desikatörde kurutularak verim hesabı yapıldı.

$$MSO_4.xH_2O + L\ (DEAH_2 \text{ veya } TEAH_3) + K_2[Ni(CN)_4].2H_2O \rightarrow [M(L)Ni(CN)_4].xH_2O + K_2SO_4 + (x+2)\ H_2O$$

## 2.3. Kullanılan Cihazlar

**1.** Hofmann-tipine benzer konak yapılara ait elementel analizler (C, H ve N analizi) TÜBİTAK Marmara Araştırma Merkezi'nde, Werner-tipine benzer komplekslerin elementel analizleri ise (C, H, N ve S analizi) Almanya'da Braunschweig Üniversitesi Anorganik ve Analitik Kimya Enstitüsü Analizler Laboratuarında Vario EL model elementel analiz cihazı kullanılarak yapılmıştır.

**2.** Hofmann–tipine benzer konak yapılara ait metal içerikleri Unicam 929 Atomik Absorpsiyon Spektrometri ile ölçülmüştür.

**3.** Komplekslerin IR spektrumları KBr ile disk yapılarak; $DEAH_2$ ve $TEAH_3$ 'nin IR spektrumları ise sıvı film halinde Mattson 1000 FTIR spektrometrisiyle 4000-200 $cm^{-1}$ aralığında kaydedilmiştir.

**4.** Werner-tipine benzer komplekslerin UV-Vis spektrumu, Unicam UV2 marka UV/Vis spektrometresinde çözücü olarak metanol, su ve aseton kullanılarak alındı.

**5.** Manyetik ölçümler MX I Model Sherwood Scientific manyetik duyarlılık terazisiyle, Gouy metodunun daha geliştirilmiş bir şekli olan Evans metoduna göre yapıldı. Numune homojen olarak 2-2,6 cm yükseklikte özel tüpüne doldurularak aşağıdaki şekilde manyetik moment($\mu$) ve tek elektron sayısı (n) hesaplandı:

$$X_g = \frac{C_{ter} l (R - R_o)}{10^9 m}$$

$X_g$ : gram duyarlık (C.G.S.)

$l$ : numunenin uzunluğu (cm)

$m$ : numunenin ağırlığı (g)

$R_o$ : boş tüp için okunan değer

$R$ : numune doldurulduktan sonra okunan değer

$C_{ter}$ : terazinin kalibrasyon sabiti ($C_{ter}$=0,924)

$$X_m = X_g M_A$$

$M_A$ : numunenin molekül ağırlığı

$X_M$ : molar duyarlık

$$\mu = 2{,}828\sqrt{X_m T}$$

$\mu$ : manyetik moment (Bohr Magnetonu)

T : mutlak sıcaklık (K)

Teorik hesaplamalar aşağıda verilen formülle yapılarak tek elektron sayısına geçildi.

$$\mu = \sqrt{n(n+2)} \qquad \text{n: tek elektron sayısı}$$

Referans madde olarak $(NH_4)_2Fe(SO_4)_2.6H_2O$ ve $(NH_4)_2Ni(SO_4)_2.6H_2O$ kullanıldı.

**6.** X-ışınları tek kristal çalışması Siemens P4 difraktometresi ile Braunschweig Teknik Üniversitesi Anorganik ve Analitik Enstitüsü 'nde (Almanya) yapıldı. $MoK_\alpha$ ışıması kullanıldı ve *XSCANS* veri toplama metodu ile belli bir maksimum θ üst değerine kadar toplanan verilerden bir kısmı arıtmada kullanıldı [64]. Veri indirgemede *XSCANS*, yapı çözümünde *SHELXS97* ve verilerin arıtılmasında *SHELXL97* yöntemi kullanıldı [65, 66]. Moleküler grafikler ise *XP* grafik programı kullanılarak elde edildi [67].

**7.** Termik analiz çalışmalarında, Rigaku marka TG 8110 termik analizörlü TAS 100 model termik analiz cihazı kullanılarak; TG, DTG ve DTA eğrileri aşağıda belirtilen şartlarda eşzamanlı olarak kaydedilmiştir.

Komplekslerin termik analiz eğrilerinin alındığı şartlar:

Referans : Sinterleşmiş $\alpha$-$Al_2O_3$

Isıtma hızı : 10 °C/dak.

Kroze : Platin kroze

Atmosfer : İnert azot atmosferi

Gaz akış hızı : 80 ml/dak

Numune miktarı : 7–10 mg

Sıcaklık aralığı : 20–1000 °C

Kinetik değişkenlerin bulunmasında Freeman-Carrol metodunu ve Jeres düzeltmesini esas alan Basic programı kullanıldı [48, 68].

Kinetik bir çalışma, sabit sıcaklıkta zamanın (t) veya daha önce belirlenmiş sıcaklık programına göre artan sıcaklığın (T) fonksiyonu olarak, $\alpha$ 'nın ölçülmesine dayanır. Dinamik metotlarda $\alpha$ ve T, izotermik metotlarda ise $\alpha$ ve t ölçülür.

Dinamik ve izotermik sonuçların kinetik analizi, çekirdekleşme, büyüme, difüzyon olayları veya reaksiyona giren madde-ürün iç yüzeylerinin geometrik şekillerinin esas alındığı çeşitli modeller için yapılabilir. Bu modellerden türetilen ifadeler sabit sıcaklıkta integral ve diferansiyel olmak üzere iki grupta toplanabilir. Bunlar:

$$\text{integral: } f(x) = k(t - t_0)\text{ ; diferansiyel: } \frac{d\alpha}{dt} = k\,g(\alpha)$$

şeklindedir.

Sıcaklığın termik bozunma reaksiyonuna etkisi Arrhenius eşitliği kullanılarak belirlenebilir;

$$k = Ae^{-E/RT}$$

Arrhenius eşitliğinden elde edilen k'nın değeri diferansiyel metotta kullanılan eşitlikte yerine yazılırsa;

$$\frac{d\alpha}{dt} = Ae^{-E/RT} g(\alpha)$$

ifadesi ele geçer. Buradan, $\phi$=dT/dt (ısıtma hızı) olarak alınıp gerekli düzeltmeler yapılarak yerine yazıldığında;

$$\frac{d\alpha}{g(\alpha)} = \frac{A}{\phi} e^{-E/RT} dT$$

eşitliği ele geçer. Bu eşitliğin $\alpha$=0, T=$T_0$ ve $\alpha$= $\alpha$, T=T sınırları arasında integralinin alınmasıyla;

$$f_{(\alpha)} = \int_{T_0}^{T} (\frac{A}{\phi}) e^{-E/RT} dT = \int_{0}^{T} (\frac{A}{\phi}) e^{-E/RT} dT \qquad ( \int_{0}^{T_0} (\frac{A}{\phi}) e^{-E/RT} dT = 0 )$$

eşitlikleri elde edilir. n reaksiyon derecesi olmak üzere $g(\alpha)=(1-\alpha)^n$ olarak alınır. Sestak ve Berggren tarafından $g(\alpha)$ için,

$$g(\alpha) = \alpha^m (1-\alpha)^n (-\ln(1-\alpha))^p$$

şeklinde daha genel bir fonksiyon önerilmiştir [54]. Bu fonksiyon, bilinmeyenlerin sayısını artırmasına rağmen, tüm katı-hal reaksiyonlarına uygulanabilir. Buradaki bilinmeyenler, belirli bir ısıtma hızında ($\phi$), T sıcaklıklarında elde edilen ve $\alpha$ veya $d\alpha / dt$ 'ye dönüştürülebilen deneysel ölçümlerden bulunur.

***Diferansiyel metotlar***,

$$\frac{d\alpha}{dT} = \frac{A}{\phi} e^{-E/RT} g(\alpha)$$

eşitliğine dayanmaktadır. Bu metotta $\alpha$, T ve $d\alpha/dT$ değerlerinin bir seri ölçümü alınarak kinetik hesaplamalar yapılabilir. Yukarıdaki eşitlik düzenlenirse;

$$y = \ln\frac{(d\alpha / dT)}{g(\alpha)} = \ln(A / \phi) - (E / R)(1 / T)$$

bir doğru denklemi ele geçer. y nin 1/T 'ye karşı grafiği çizilerek eğim ve kesim noktalarından E ve A değerleri bulunabilir [69]. Çok kullanılan Freeman-Carrol metodunda $g(\alpha)=(1-\alpha)^n$ olarak alınır [70, 71].

$$\Delta \ln(\frac{d\alpha}{dT}) = n\,\Delta \ln(1-\alpha) - \frac{E}{R}\Delta(\frac{1}{T})$$

Bu eşitliğe göre, $[\Delta \ln(d\alpha / dt) / \Delta \ln(1-\alpha)]$'nın $[\Delta(1/T) / \Delta \ln(1-\alpha)]$'ya karşı grafiği çizilerek, eğimden E ve kesim noktasından da n bulunabilir. Sabit bir ısıtma hızında $\Delta\ln(d\alpha / dT) = \Delta\ln(d\alpha / dt)$ dir. Freeman ve Carrol metodunun diğer metotlara göre avantajı reaksiyon derecesinin de bulunabilmesidir [70]. Bazı çalışmacılar, Freeman-Carrol metodunun n. dereceden bozunma reaksiyonlarına uygulandığı zaman elde edilen değerlerin hata oranının büyük olduğunu ileri sürdüler [54]. Bu, Jerez tarafından da doğrulanarak regresyon işleminde büyük hatalar olduğuna işaret edildi [71]. Jerez tarafından deneysel noktalar grubunun ağırlık merkezi ve hızın maksimum olduğu noktalar kullanılarak Freeman ve Carrol metodundan bulunan n ve E 'nin hesaplanmasında bir düzeltme önerilmiştir.

$$n = \frac{\overline{Y}}{1-Q\overline{X}} \qquad E = \frac{RQ\overline{Y}}{1-Q\overline{X}}$$

Burada $\overline{Y}$ ve $\overline{X}$, x ve y değerlerinin ortalamasıdır. Q aşağıdaki denklemle bulunarak, n ve E nin düzeltilmiş değerleri elde edilir.

$$Q = \left| \frac{\alpha' T_{max}^{2}}{(1-\alpha)} \right|_{\alpha'=max}$$

TG verilerinin kullanıldığı ***integral metotlar*** aşağıdaki eşitliğin kullanılmasını temel alır.

$$f(\alpha) = \int_{0}^{\alpha} \frac{1}{g(\alpha)} d(\alpha) = (\frac{A}{\phi}) \int_{T_0}^{T} e^{-E/RT} = \Phi$$

Burada f (α) dönüşüm integralini, Φ ise sıcaklık integralini gösterir. E, A ve n 'nin uygun değerlerini bulmak için yukarıdaki eşitlik integre edilir.

$$\int_{0}^{T} e^{-E/RT} dT = \frac{E}{R} \int_{x}^{\infty} (e^{-x}/x^{2})\, dx = (\frac{E}{R}) p(x)$$

olur.

$$f(x) = \int_{0}^{\alpha} \frac{1}{g(\alpha)} d(\alpha) = (\frac{A}{\phi}) \int_{T_0}^{T} e^{-E/RT} dT = \Phi$$

eşitliği,

$$f(\alpha) = (AE / R\phi) p(x)$$

olur ve p(x) 'in integral değerleri hazırlanan tablolardan bulunabilir [54].

# III. Bulgular ve Tartışma

## 3.1. Elementel Analiz

Komplekslerin molekül ağırlıkları, elementel analiz sonuçları, metal içerikleri, verimleri ve renkleri Tablo 3.1'de verilmiştir. Beklendiği gibi Zn(II) ve Cd(II)–$DEAH_2$ ve $TEAH_3$ kompleksleri hariç çeşitli renklerde elde edilen kompleksler genelde yüksek verimlerde elde edilmiş olup, deneysel ve teorik C, H, N ve metal değerleri oldukça birbirine yakın olarak bulunmuştur. Elementel analiz sonuçlarından sentezlenen komplekslerin stokiyometrisinin yani metal:ligant oranının bütün kompleksler için 1:1 olduğu görülür. Bu sonuçlardan $DEAH_2$ ve $TEAH_3$ ligantlarının iki dişli ligant olarak davrandığı ve oluşan yapının $[M(NH_3)_2Ni(CN)_4]$ şeklinde gösterilen Hofmann-tipi genel yapısına benzer $[M(L)Ni(CN)_4]$ şeklinde bir yapı olduğu söylenebilir.

Yeni Hofmann-tipi bu yapılarda, manyetik moment ölçümleriyle de desteklendiği gibi $DEAH_2$ ve $TEAH_3$'ün Co(II) ile verdiği kompleksleşme tepkimesinde $DEAH_2$ ve $TEAH_3$'ün bir hidrojenini kaybederek $DEAH^-$ ve $TEAH_2^-$'ye, Co(II)'nin de Co(III)'e dönüştüğü anlaşılmıştır. Bu nedenle $DEAH_2$ ve $TEAH_3$ ligantları Co(II) ile yaptığı komplekslerde anyonik, Ni(II), Cu(II), Zn(II) ve Cd(II) ile yaptığı komplekslerde ise nötral olarak davranmaktadır.

Elementel analiz verilerinden, bütün $DEAH_2$ ve $TEAH_3$ komplekslerinin değişik miktarlarda örgü suyu içerdikleri tahmin edilerek, termik analiz verilerinden bu yapıların içerdikleri su miktarları deneysel olarak tayin edilmiştir. Tablo 3.1'de termik analiz verileriyle elde edilen deneysel ve hesaplanan kristal su değerlerinin oldukça uyumlu oldukları açıkça görülmektedir.

Hofmann-tipi komplekslerin kristal örgülerine konuk olarak adlandırılan çeşitli molekülleri hapsederek klatrat bileşikler oluşturdukları bilinmektedir. Bu konuk moleküller çeşitli aromatik moleküller olduğu gibi örgü suyu da olmaktadır [21]. Bu açıdan örgü suyu içeren $DEAH_2$ ve $TEAH_3$ komplekslerinin çeşitli aromatik molekülleri yapılarına hapsederek klatrat yapılar oluşturabilecekleri söylenebilir. Ancak $DEAH_2$ ve $TEAH_3$ moleküllerinin nispeten hacimli olması ve koordinasyona katılmayan etanol gruplarının örgü boşluklarını doldurması dikkate alınırsa, sadece küçük boyutlu moleküllerin kristal boşluklarına yerleşebileceği tahmin edilebilir.

**Tablo 3.1.** Hofmann-tipi di- ve trietanolamin komplekslerinin elementel analiz sonuçları, verim ve renkleri

| Kompleks | M.A. (g/mol) | % Deneysel ( Teorik) C | H | N | M | Ni | $H_2O$ | % Verim | Renk |
|---|---|---|---|---|---|---|---|---|---|
| $[Co(DEAH)Ni(CN)_4].2H_2O$ | 361,85 | 26,26 | 3,45 | 19,10 | 16,59 | 16,76 | 9,45 | 68 | pembe-kahve |
| $C_8H_{14}N_5O_4CoNi$ | | (26,55) | (3,89) | (19,35) | (16,28) | (16,22) | (9,96) | | |
| $[Ni(DEAH_2)Ni(CN)_4].2,5H_2O$ | 371,64 | 26,22 | 3,70 | 18,28 | | 31,94 | 12,30 | 74 | soluk mavi |
| $C_8H_{16}N_5O_{4,5}NiNi$ | | (25,85) | (4,33) | (18,84) | – | (31,59) | (12,12) | | |
| $[Cu(DEAH_2)Ni(CN)_4].H_2O$ | 349,46 | 27,28 | 3,29 | 19,85 | 17,82 | 17,18 | 5,38 | 57 | mavi-yeşil |
| $C_8H_{13}N_5O_3CuNi$ | | (27,49) | (3,75) | (20,04) | (18,18) | (16,80) | (5,15) | | |
| $[Zn(DEAH_2)Ni(CN)_4].2H_2O$ | 369,31 | 26,29 | 3,78 | 19,11 | 17,10 | 15,45 | 9,32 | 60 | beyaz |
| $C_8H_{15}N_5O_4ZnNi$ | | (26,02) | (4,09) | (18,96) | (17,70) | (15,89) | (9,75) | | |
| $[Cd(DEAH_2)Ni(CN)_4].1,5H_2O$ | 407,33 | 24,24 | 3,01 | 16,32 | 27,84 | 14,96 | 6,41 | 65 | beyaz |
| $C_8H_{14}N_5O_{3,5}CdNi$ | | (23,59) | (3,46) | (17,19) | (27,59) | (14,41) | (6,63) | | |
| $[Co(TEAH_2)Ni(CN)_4].2H_2O$ | 405,90 | 29,12 | 3,86 | 16,98 | 14,95 | 14,72 | 9,07 | 66 | soluk pembe |
| $C_{10}H_{18}N_5O_5CoNi$ | | (29,59) | (4,46) | (17,25) | (14,52) | (14,46) | (8,87) | | |
| $[Ni(TEAH_3)Ni(CN)_4].1,5H_2O$ | 397,68 | 30,52 | 4,30 | 17,28 | | 29,59 | 7,06 | 73 | soluk mavi |
| $C_{10}H_{18}N_5O_{4,5}NiNi$ | | (30,20) | (4,56) | (17,61) | – | (29,53) | (6,79) | | |
| $[Cu(TEAH_3)Ni(CN)_4].1,5H_2O$ | 402,52 | 29,71 | 4,05 | 17,76 | 15,61 | 14,05 | 6,37 | 63 | mavi-yeşil |
| $C_{10}H_{18}N_5O_{4,5}CuNi$ | | (29,84) | (4,50) | (17,39) | (15,79) | (14,58) | (6,71) | | |
| $[Zn(TEAH_3)Ni(CN)_4].H_2O$ | 392,99 | 30,65 | 3,63 | 17,50 | 16,47 | 14,23 | 4,25 | 61 | beyaz |
| $C_{10}H_{17}N_5O_4ZnNi$ | | (30,53) | (4,36) | (17,82) | (16,63) | (14,74) | (4,58) | | |
| $[Cd(TEAH_3)Ni(CN)_4].H_2O$ | 442,37 | 27,00 | 3,66 | 15,50 | 25,88 | 13,37 | 4,12 | 62 | beyaz |
| $C_{10}H_{17}N_5O_4CdNi$ | | (27,15) | (3,87) | (15,83) | (25,41) | (13,27) | (4,07) | | |

## 3.2. Manyetik Moment Ölçümleri

Hofmann-tipi birçok klatrat bileşiğin manyetik özellikleri detaylı olarak incelenerek rapor edilmiştir [72–77]. Bu çalışmada da sentezlenen komplekslerin manyetik moment ölçümleri Bölüm 2'de anlatıldığı gibi yapılıp, teorik ve deneysel manyetik momentler Bohr Magnetonu (BM) cinsinden hesaplanarak bu yapıların manyetik özellikleri hakkında bilgi elde edilmeye çalışıldı. Bulunan değerler Tablo 3.2'de özetlenmiştir.

**Tablo 3.2.** Hofmann-tipi di- ve trietanolamin komplekslerinin manyetik özellikleri

| Kompleks | d $e^-$ sayısı | n | $\mu = \sqrt{n(n+2)}$ (BM) | Deneysel $\mu$ (BM) |
|---|---|---|---|---|
| $[Co(DEAH)Ni(CN)_4].2H_2O$ | $d^6$ | 4 | 4,89 | 4,85 |
| $[Ni(DEAH_2)Ni(CN)_4].2{,}5H_2O$ | $d^8$ | 2 | 2,83 | 2,71 |
| $[Cu(DEAH_2)Ni(CN)_4].H_2O$ | $d^9$ | 1 | 1,73 | 1,94 |
| $[Zn(DEAH_2)Ni(CN)_4].2H_2O$ | $d^{10}$ | 0 | 0 | diyamanyetik |
| $[Cd(DEAH_2)Ni(CN)_4].2{,}5H_2O$ | $d^{10}$ | 0 | 0 | diyamanyetik |
| $[Co(TEAH_2)Ni(CN)_4].2H_2O$ | $d^6$ | 4 | 4,89 | 4,83 |
| $[Ni(TEAH_3)Ni(CN)_4].1{,}5H_2O$ | $d^8$ | 2 | 2,83 | 2,65 |
| $[Cu(TEAH_3)Ni(CN)_4].1{,}5H_2O$ | $d^9$ | 1 | 1,73 | 1,72 |
| $[Zn(TEAH_3)Ni(CN)_4].H_2O$ | $d^{10}$ | 0 | 0 | diyamanyetik |
| $[Cd(TEAH_3)Ni(CN)_4]. H_2O$ | $d^{10}$ | 0 | 0 | diyamanyetik |

*n*: tek elektron sayısı

*Referanslar*: $(NH_4)Fe(SO_4)_2.6H_2O$ $\mu = 4{,}95$BM , $(NH_4)_2Ni(SO_4)_2.6H_2O$ $\mu = 2{,}89$BM

Manyetik moment ölçümlerinden Zn(II) ve Cd(II)-$DEAH_2$ ve $TEAH_3$ komplekslerinin beklendiği gibi diyamanyetik diğerlerinin paramanyetik ve yüksek spin kompleksleri olduğu anlaşılmaktadır. Komplekslerin her birinde karedüzlem koordinasyona sahip tetrasiyanonikelat(II)'deki Ni(II)

iyonunun manyetik moment değeri sıfır yani diyamanyetiktir. Dolayısıyla bu komplekslere ait manyetik moment değerine bir katkısı yoktur. Bu yapılarda manyetik moment değerini belirleyen oktahedral çevreye sahip metal iyonudur.

Hazırlanan Co(III), Ni(II) ve Cu(II)-$DEAH_2$ ve $TEAH_3$ komplekslerinin teorik ve deneysel manyetik duyarlılık değerleri son derece uyumlu olup bu değerlerden yüksek spin komplekleri oluşturdukları açıkça anlaşılmaktadır.

Komplekslerin nötralliği açısından bütün komplekslerde Oktahedral çevredeki metal iyonunun yükseltgenme basamağının iki olması gerekmektedir. Buna göre Co(II)'den Zn(II)'ye doğru gidildikçe sırasıyla $d^7$, $d^8$, $d^9$ ve $d^{10}$ yapısı söz konusudur. Bu Co(II)-$DEAH^-$ ve Co(II)-$TEAH_2^-$ kompleksleri hariç diğerlerinde beklendiği gibi çıkmıştır. Co(II)'nin ($d^7$) teorik manyetik moment değeri 3,87 BM iken deneysel olarak Co(II)-$DEAH^-$ ve Co(II)-$TEAH_2^-$ komplekslerinde sırasıyla 4,85 ve 4,83 BM bulunmuştur. Bulunan değerler, bu komplekslerde $DEAH_2$ ve $TEAH_3$ 'ün bir hidrojen kaybederek anyonik bir ligant olarak davrandığını, kobaltın Co(II)'den Co(III)'e yükseltgenerek $d^6$ yapısına sahip olduğunu gösterir.

## 3.3. İnfrared(IR) Çalışmaları

Sentez edilen Hofmann-tipi $DEAH_2$ ve $TEAH_3$ komplekslerinin IR spektrumları alınıp, bu yapılara ait karakteristik titreşim pikleri belirlendi. Spektrum piklerinden ve bunların titreşim frekanslarından yararlanarak komplekslerin yapıları, kristal su içerip içermedikleri, ligantların merkez atomuna nasıl koordine olduğu ve bu yapılardaki hidrojen bağının varlığı tespit edilmeye çalışıldı. Komplekslere ait IR spektrumları Şekil 3.3–3.12'de verilmiştir. Ayrıca ligantların ve komplekslerin önemli titreşim frekansları Tablo 3.3'te özetlenmiştir.

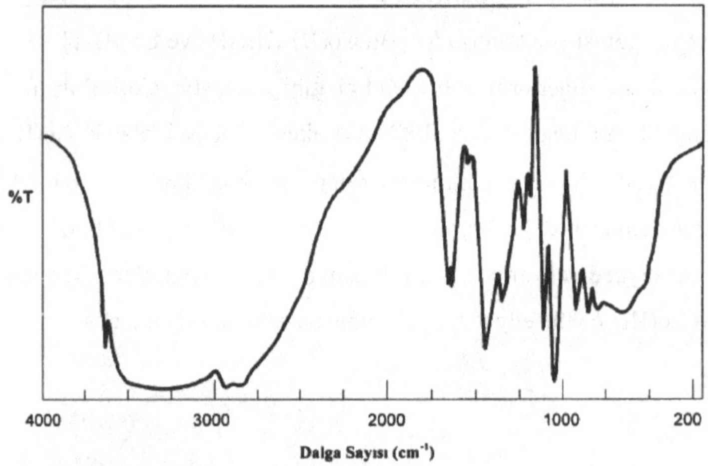


**Şekil 3.1.** Dietanolamin 'in IR Spektrumu

Şekil 3.1'de görülen $DEAH_2$ 'nin IR spektrumunda, 3300 $cm^{-1}$'deki geniş yayvan ve güçlü pik, H-bağlı O-H gerilme titreşimine karşılık gelmektedir. Fakat yaklaşık olarak 3500–3100 $cm^{-1}$ aralığında hem H-bağlı O-H hem de N-H gerilme titreşimlerine ait piklerin geldiği bilinmektedir [78]. Ancak O-H gerilme pikinin geniş yayvan ve oldukça güçlü olmasından dolayı bu bölgede gelmesi beklenen N-H gerilme titreşimi bu yayvan pikle çakışmaktadır. 2949 ve 2868 $cm^{-1}$ 'deki iki zayıf pik C-H gerilme, 1567 $cm^{-1}$ 'deki zayıf pik N-H eğilme ve 1467 $cm^{-1}$ 'deki orta şiddetteki pik ise $CH_2$ eğilme titreşimine aittir. Yaklaşık 1130 ile 1060 $cm^{-1}$ aralığında gelen pikler ise C-N, C-O ve C-C titreşimlerine karşılık gelmektedir [40]. Spektrumda 1128 ve 1067 $cm^{-1}$ 'deki güçlü ve keskin piklerin sırasıyla C-N ve C-O gerilme titreşimlerine karşılık geldiği tahmin edilmektedir.

$TEAH_3$ molekülünün üç O-H grubunun hidrojen bağları verdiği bilinmektedir [79]. Trietanolaminin Şekil 3.2'de verilen IR spektrumunda, 3500-3200 $cm^{-1}$ 'de görülen oldukça kuvvetli geniş yayvan pik H-bağlı O-H gerilme titreşimine karşılık gelirken, 2949-2841 $cm^{-1}$ 'deki zayıf pikler C-H gerilme, 1467 $cm^{-1}$'de orta şiddetteki pik ise $CH_2$ eğilme titreşimine karşılık gelmektedir. Ayrıca 1089 ve 1035 $cm^{-1}$ 'de ikiye yarılmış keskin ve şiddetli pikler sırasıyla C-N ve C-O gerilme titreşimlerine aittir. Bununla birlikte $TEAH_3$ IR spektrumundan da görüldüğü gibi bu bölgede gelmesi beklenen C-C gerilme titreşimine rastlanmamıştır.

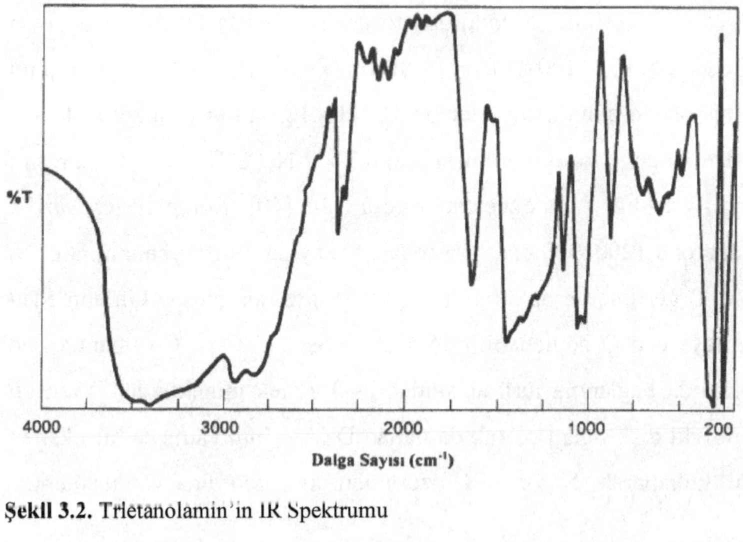


**Şekil 3.2.** Trietanolamin'in IR Spektrumu

Hofmann-tipi birçok konak ve klatrat yapıların IR ve Raman spektrumları detaylı olarak incelenerek rapor edilmiştir [17–20,80–84]. Bu çalışmada sentezlenen $DEAH_2$ ve $TEAH_3$ komplekslerinin IR spektrumlarını şöyle özetlemek mümkündür:

$DEAH_2$ komplekslerine ait IR spektrumları incelendiğinde Cu(II)-$DEAH_2$ kompleksi hariç diğer komplekslerin spektrumlarının genelde benzer olduğu görülür. Şekil 3.3-3.7'de verilen komplekslere ait IR spektrumlarına bakıldığında O-H grubuna ait pik genişliği küçülerek daha düşük alana bir kaymanın olduğu görülür. Literatürde $DEAH_2$ 'nin N-H ve O-H üzerinden metal atomuna koordine olması halinde O-H titreşim frekansının daha düşük alana kaydığı ifade edilmektedir [40]. 3500–3100 $cm^{-1}$ arasındaki bu geniş O-H titreşim bandının bulunduğu bölgeye N-H ve örgü suyuna ait O-H titreşim frekansını da dâhil etmek mümkündür. Komplekslerdeki kristal suyunu yaklaşık olarak 1650 $cm^{-1}$ 'de gelen keskin ve kuvvetli bir pik karakterize ettiğinden [85] komplekslerin IR spektrumlarından 1628 $cm^{-1}$ 'de keskin ve güçlü pik bu yapılardaki örgü suyunun varlığını gösterir. C-N, C-C ve C-O gerilme ve bükülme titreşimleri arasında meydana gelen çiftlenme (kaplink), 1200–900 $cm^{-1}$ arasında çok sayıda titreşim pikinin oluşmasına neden olmaktadır. Her bir $DEAH_2$ ligantının yalnız bir oksijen atomu üzerinden koordine olması halinde C-N, C-C ve C-O titreşim bantlarının yarıldığı daha önce rapor edilmiştir [40]. Komplekslere ait IR spektrumlardan 1200–900 $cm^{-1}$ arasında çok sayıda titreşim bandının, C-N, C-C ve C-O gerilme ve bükülme titreşimleri arasında oluşan çiftlenmeden dolayı ortaya çıktığı söylenebilir. Ayrıca çakışan C-C ve C-O bantlarının yarılmasını da bağlanma türü açısından izah etmek mümkündür. Yani bu yarılmanın iki dişli ligant olarak davranan $DEAH_2$'nin yalnızca bir oksijen atomunu kullanarak N ve OH üzerinden altı koordinasyonlu merkez

atomuna bağlanması sonucu meydana geldiği söylenebilir. Diğer etanol grubu ise kompleksleşmeye katılmamaktadır.
Hofmann-tipi komplekslerin IR spektrumlarında CN'ye ait titreşim piki ve bu pikteki kayma değeri oldukça belirleyici ve ayırt edicidir. Siyano içeren kompleksler 2200–2000 $cm^{-1}$'de ν(CN) gerilmesine ait çok şiddetli ve keskin bir pik verdiklerinden IR tekniği ile kolaylıkla belirlenebilmektedirler. Bağlı olmayan ν(CN) titreşiminin yaklaşık olarak 2098 $cm^{-1}$ 'de geldiği gözlenmiştir. ν(CN) titreşim frekansı, komplekslerde metalin elektronegatifliğine, yükseltgenme basamağına ve koordinasyon sayısına bağlı olarak daha yüksek alana kaymaktadır. $[Ni(CN)_4]^{2-}$ kompleks iyonunda ν(CN) gerilme titreşiminin 2135 $cm^{-1}$ 'de bir pik verdiği, dolayısıyla serbest ν(CN) gerilme değerine göre daha yüksek frekansta olduğu belirlenmiştir. Bunlara ilave olarak M-C≡N grubu M-C≡N-M' tipi siyanür köprülü bir kompleks oluşturmuşsa ν(CN) titreşim frekansının daha yüksek alana, ν(MC) gerilme değerinin de daha düşük alana kaydığı tespit edilmiştir [85–87]. Bu büyük oranda köprülü CN gerilme titreşiminin ikinci metal tarafından kısıtlanmasından dolayı kinematik çiftlenmeye atfedilmektedir [80,88]. Bignozzi ve çalışma grubu hem köprülü hem de uç siyanürlere ait gerilme titreşim frekanslarına ait elektronik etkileri tartışarak, ikinci bir metalin etkisiyle C≡N hareketi üzerinde mekanik bir sınırlama olan kinematik çiftlenmenin ν(CN) titreşimini daha yüksek frekansa kaydırdığını belirtmişlerdir [87]. Çok farklı ligantlar kullanılarak elde edilen Hofmann-tipi yapıların IR spektrumları alınarak bu yapılar için ayırt edici olan ν(CN) ve ν(MC) titreşim frekansındaki kaymalardan bu tür yapıların siyanür grupları ile M-C≡N-M' şeklinde köprülü yapılar oluşturdukları rapor edilmiştir [80–88]. $DEAH_2$ ligantı kullanılarak hazırlanan Hofmann-tipine benzer yapılara ait IR spektrumlarına

bakıldığında 2150 $cm^{-1}$'in üzerinde çok şiddetli ve keskin -C≡N gerilme titreşimi görülür. Buna ilave olarak köprü oluşturmayan komplekslerde 600–550 $cm^{-1}$'de gelen ν(MC) gerilme titreşimi bu komplekslerde yaklaşık olarak 450 $cm^{-1}$'de gelmektedir. Yani bu komplekslerde ν(CN) gerilme titreşimi daha yüksek alana kayarken ν(MC) titreşim frekansı daha düşük alana kaymıştır. IR verilerinden alınan bu sonuçlar, bu yapıların Bölüm 3.4'de önerilen köprülü bir yapıya sahip olduklarını göstermektedir.

Cu(II)-$DEAH_2$ kompleksine ait IR spektrumunda 2194 ve 2140 $cm^{-1}$'de keskin ve şiddetli iki pik görülmektedir. Bu farklılığı, Jahn-Teller etkisi olarak da bilinen oktahedral simetride uzama veya yassılaşma şeklinde bir bozunmanın ortaya çıkması ile açıklamak mümkündür. Benzer durum farklı ligantlar kullanılarak hazırlanan Hofmann-tipi Cu kompleksleri için de tespit edilmiştir [17, 82, 83].

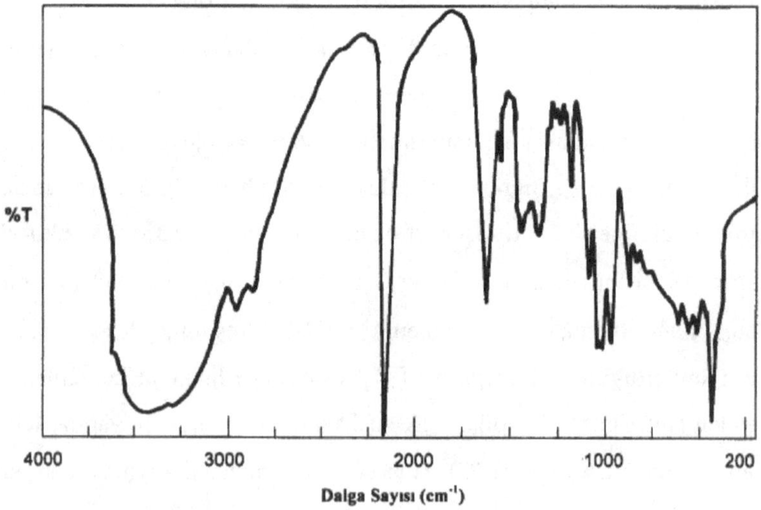


**Şekil 3.3.** Hofmann-tipi Co(III)-DEAH'ın IR spektrumu

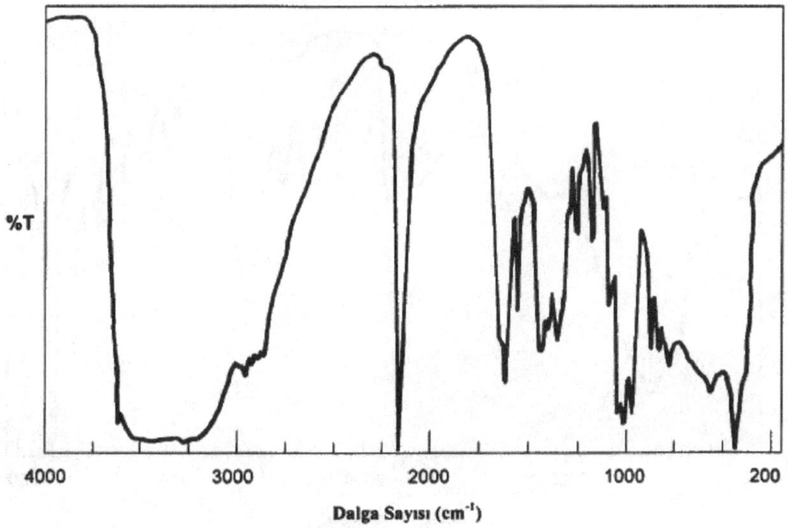


**Şekil 3.4.** Hofmann-tipi Ni(II)-DEAH$_2$'nin IR spektrumu

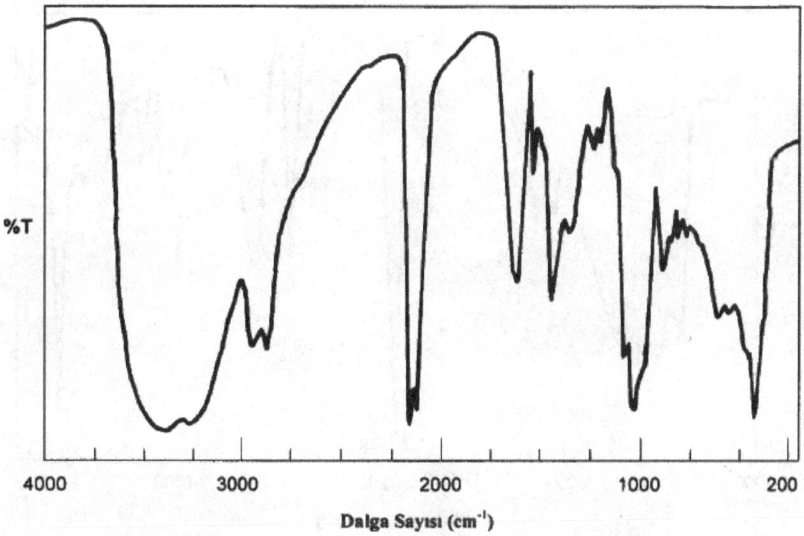


**Şekil 3.5.** Hofmann-tipi Cu(II)-DEAH$_2$'nin IR spektrumu

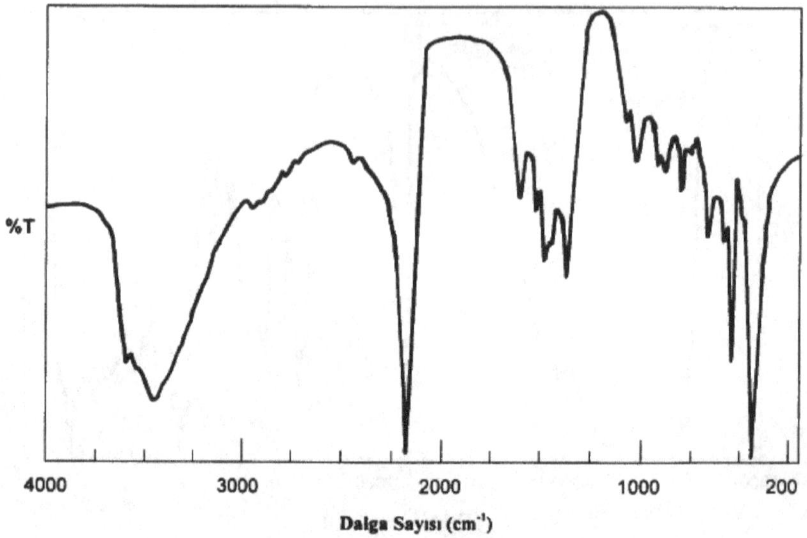


**Şekil 3.6.** Hofmann-tipi Zn(II)-DEA$H_2$'nin IR spektrumu

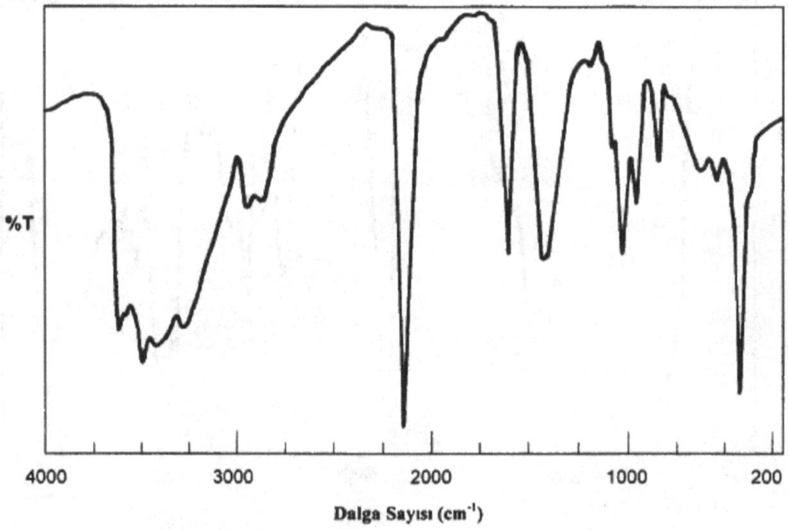


**Şekil 3.7.** Hofmann-tipi Cd(II)-DEA$H_2$'nin IR spektrumu

Şekil 3.8–3.12'de görülen $TEAH_3$ komplekslerine ait IR spektrumlarına bakıldığında $DEAH_2$ komplekslerinde olduğu gibi Cu(II)-$TEAH_3$ kompleksi hariç diğerlerinin genelde benzer olduğu görülür. Tablo 3.3'deki verilerden de anlaşılacağı üzere liganta ait O-H gerilme titreşim değeri kompleks oluşumu sonucu genelde azalmıştır. Esasında komplekslere ait spektrumlara bakılacak olursa serbest haldeki liganta ait oldukça geniş ve yayvan olan O-H gerilme pikinin kısmen daraldığı görülür. Bu düşük frekansa kayma sonucu ortaya çıkan pik daralmasından ligantın kompleks oluşumunda OH üzerinden bağlandığını gösterir. Literatürde çeşitli trietanolamin komplekslerine ait IR spektrum verileri, bağlı O-H gerilme titreşimlerinin 3500–3200 $cm^{-1}$ arasında geldiği rapor edilmiştir [45]. Ayrıca yapıda hidrojen bağı ve kristal suyu içeren komplekslerin de bu aralıkta benzer pikler verdikleri ve ilave olarak kristal su içeren komplekslerde 1630-1600 $cm^{-1}$ arasında suya ait karakteristik bir pikin ortaya çıktığı bilinmektedir. Hofmann-tipi $TEAH_3$ komplekslerde ortalama 1630 $cm^{-1}$'de keskin ve orta şiddetteki pik örgü suyunun varlığını göstermektedir. Bundan dolayı ortalama 3500–3100 $cm^{-1}$'deki geniş ve yayvan pikin, hem liganttan gelen bağlı ve tabakalar arasında hidrojen bağının oluşumuna katıldığı sanılan O-H gerilme hem de örgü suyuna ait O-H gerilme titreşimine ait olduğu söylenebilir. Co(III)-$TEAH_3$ kompleksine ait IR spektrumunda 3633 $cm^{-1}$ 'de keskin, Zn(II) kompleksi dışında diğerlerinde zayıf ve omuz şeklindeki ortaya çıkan pikin komplekslerde serbest yani koordinasyona katılmayan OH grubunun varlığını göstermektedir. Kompleksler için karakteristik olan C-N, C-C, C-O titreşimleri 1200–1000 $cm^{-1}$'de gelmektedir. Literatürde C-N, C-C, C-O gruplarına ait piklerin gerilme ve bükülme titreşimlerinin çiftlenimi sonucu yarıldığı ve bu yüzden 1200-900 $cm^{-1}$'de beklenenden daha fazla pikin ortaya çıktığı rapor edilmiştir [40, 45]. Komplekslerin IR spektrumlarından bu aralıkta piklerin yarılmadığı görülmektedir. Bu sonuç yukarıda da ifade edildiği gibi metale koordine olmayan OH'ların varlığını ortaya çıkarmaktadır.

$DEAH_2$ komplekslerinde olduğu gibi $TEAH_3$ komplekslerinde de CN grubuna ait titreşim pikleri kompleks yapının aydınlatılmasında oldukça önemlidir. Bu komplekslerde -C≡N gerilme titreşimi yaklaşık 2175 $cm^{-1}$'de gelmektedir. $TEAH_3$ komplekslerine ait -C≡N gerilme titreşim değerleri ile serbest haldeki -C≡N gerilme ve köprülü olmayan herhangi bir kompleksin -C≡N gerilme frekans değerleri ile karşılaştırıldığında belirgin bir farklılığın olduğu görülür. Kinematik çiftlenmeden dolayı [86, 87] $TEAH_3$ komplekslerinde de M-C≡N-M' grubuna ait ν(CN) titreşim frekansının arttığı, M-C gerilme titreşim frekansının da azaldığı tespit edilmiştir. Bu sonuçlardan Hofmann-tipi $TEAH_3$ komplekslerinin de Bölüm 3.4'de verildiği gibi köprülü yapılar meydana getirdikleri söylenebilir.

Cu(II)-$TEAH_3$ kompleksinin IR spektrumunda da ν(CN) titreşim frekansının ikiye yarıldığı görülmektedir. Bu yarılmanın Jahn-Teller etkisinden kaynaklandığı düşünülmektedir. Yani *trans* pozisyonlardaki Cu-CN bağ uzunluklarının eşit olmamasından dolayı ν(CN) titreşim frekansı ikiye yarılmaktadır.

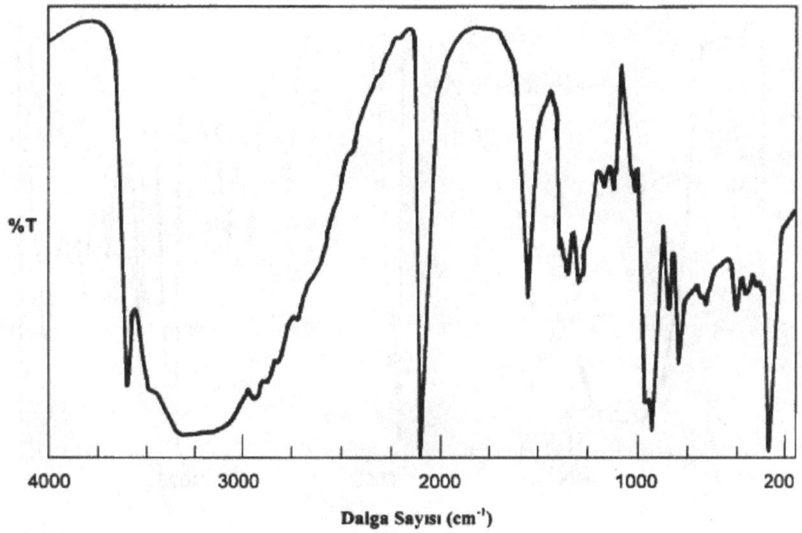


**Şekil 3.8.** Hofmann-tipi Co(III)-$TEAH_2$'nin IR spektrumu

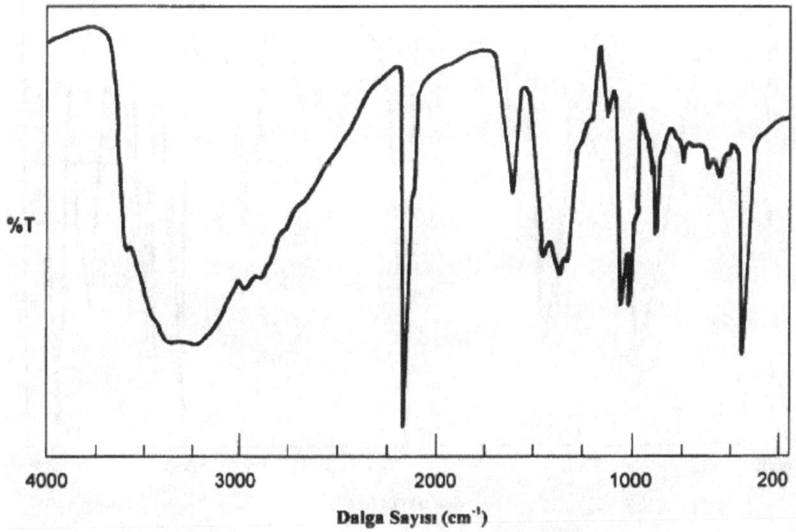


**Şekil 3.9.** Hofmann-tipi Ni(II)-$TEAH_3$'ün IR spektrumu

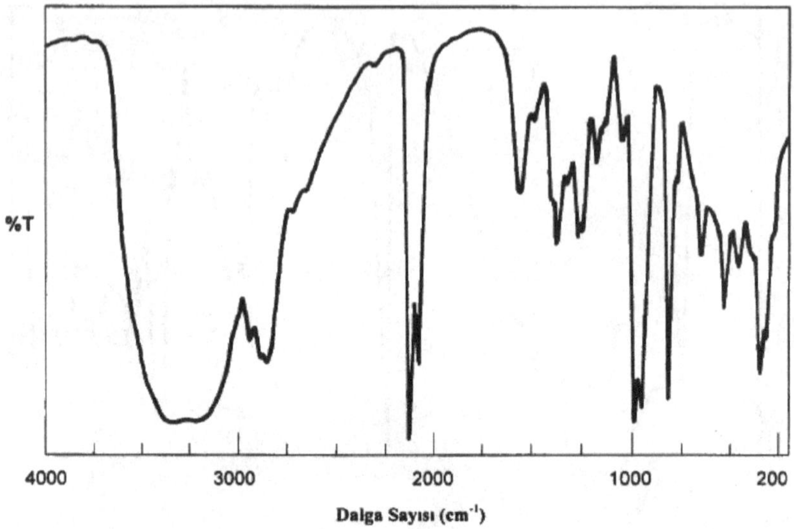


**Şekil 3.10.** Hofmann-tipi Cu(II)-$TEAH_3$'ün IR spektrumu

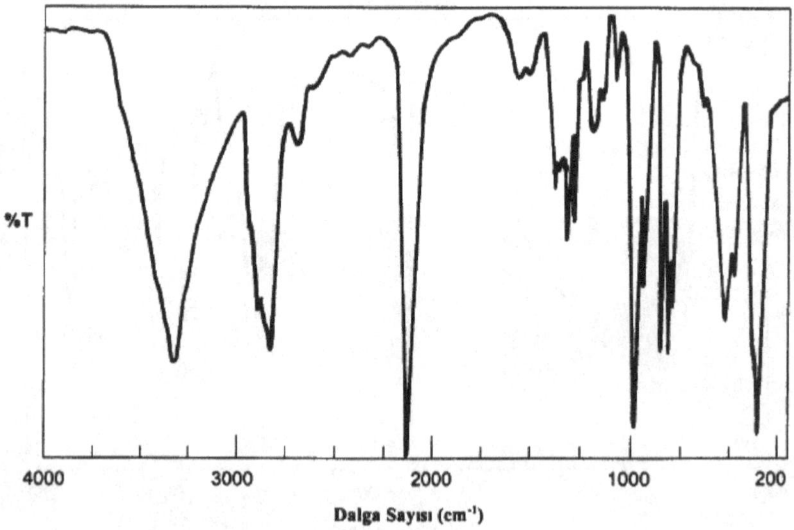


**Şekil 3.11.** Hofmann-tipi Zn(II)-$TEAH_3$'ün IR spektrumu

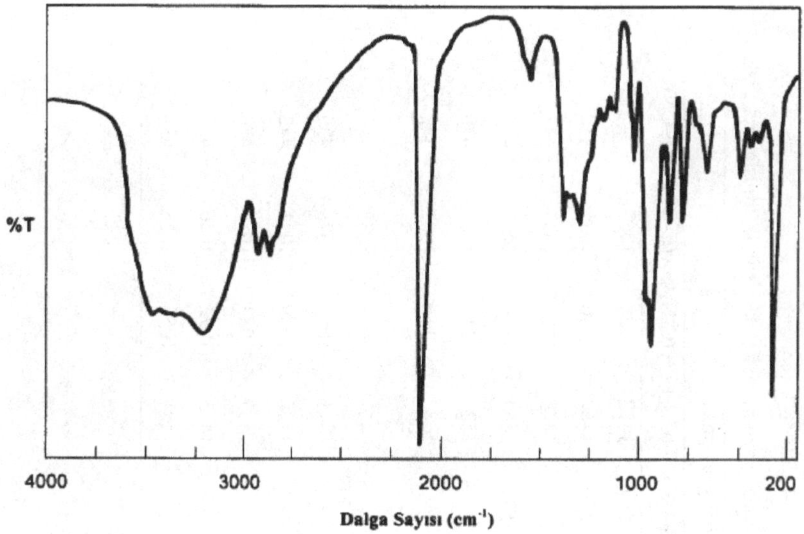


**Şekil 3.12.** Hofmann-tipi Cd(II)-$TEAH_3$'ün IR spektrumu

**Tablo 3.3.** Di- ve trietanolamin ile bunların oluşturdukları Hofmann-tipi konak yapılara ait karakteristik IR titreşim frekansları

| Bileşikler | Dalga sayısı ($cm^{-1}$) | | | | | | | |
|---|---|---|---|---|---|---|---|---|
| | ν(O-H) | ν(C-H) | ν(C≡N) | δ(N-H) | $\delta(CH_2)$ | ν(C-N) | ν(C-O) | δ(Ni-CN) |
| $DEAH_2$ | 3300 | 2949, 2868 | - | 1567 | 1467 | 1128 | 1067 | - |
| $[Co(DEAH)Ni(CN)_4].2H_2O$ | 3434 | 2976, 2895 | 2167 | 1574 | 1467 | 1116 | 1035 | 470 |
| $[Ni(DEAH_2)Ni(CN)_4].2,5H_2O$ | 3407 | 2976, 2895 | 2167 | 1574 | 1440 | 1116 | 1035 | 443 |
| $[Cu(DEAH_2)Ni(CN)_4].H_2O$ | 3407 | 2949, 2895 | 2194, 2140 | 1574 | 1467 | 1116 | 1062 | 415 |
| $[Zn(DEAH_2)Ni(CN)_4].2H_2O$ | 3461 | 2976, 2949 | 2194 | 1547 | 1521 | 1116 | 1062 | 470 |
| $[Cd(DEAH_2)Ni(CN)_4].1,5H_2O$ | 3434 | 2976, 2868 | 2167 | - | 1440 | 1116 | 1062 | 442 |
| $TEAH_3$ | 3434 | 2949, 2841 | - | - | 1467 | 1089 | 1035 | - |
| $[Co(TEAH_2)Ni(CN)_4].2H_2O$ | 3265 | 2980, 2875 | 2163 | - | 1441 | 1051 | 1023 | 439 |
| $[Ni(TEAH_3)Ni(CN)_4].1,5H_2O$ | 3238 | 2976, 2898 | 2172 | - | 1438 | 1059 | 1021 | 442 |
| $[Cu(TEAH_3)Ni(CN)_4].1,5H_2O$ | 3434 | 2976, 2898 | 2189, 2137 | - | 1467 | 1083 | 1051 | 470 |
| $[Zn(TEAH_3)Ni(CN)_4].H_2O$ | 3344 | 2924, 2898 | 2189 | - | 1453 | 1072 | 1030 | 459 |
| $[Cd(TEAH_3)Ni(CN)_4].H_2O$ | 3239 | 2976, 2924 | 2163 | - | 1481 | 1050 | 1025 | 435 |

## 3.4. Moleküler Yapı ve Adlandırma

Bölüm 2.2'de anlatıldığı gibi hazırlanan bu komplekslerin tamamı toz kristal şeklinde elde edilmiştir. Bunların tek kristallerini elde etmek için su dâhil etanol, $CCl_4$, aseton, DMF ve DMSO gibi birçok çözücü denenmiş, fakat hiçbir çözücüde çözünmedikleri için tek kristalleri elde edilememiştir. Toz kristal olarak elde edilen bu konak yapıların Şekil 3.13'de görüldüğü gibi polimerik bir yapıda oldukları düşünülmektedir. Bu polimerik yapılar için de farklı iki model önerilmiştir. Bunlardan birincisinde $DEAH_2$ ve $TEAH_3$'ün *trans* pozisyonda bağlandığı, ikincisinde ise $DEAH_2$ ve $TEAH_3$'ün yine *trans* pozisyonda olduğu ancak komşu tabakalar arasında köprü rolünü üstlenecek şekilde bağlandığı zannedilmektedir.

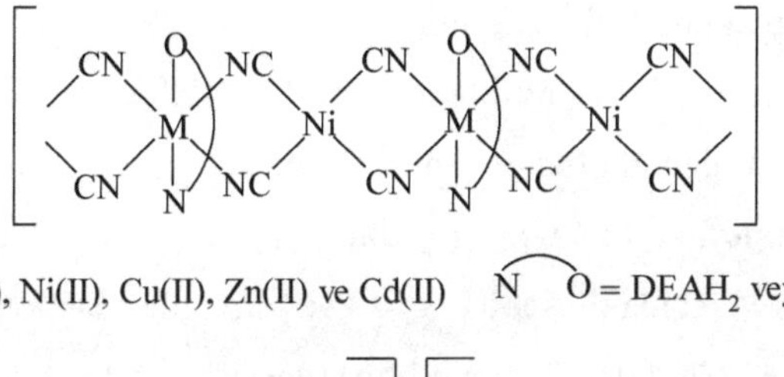

M = Co(III), Ni(II), Cu(II), Zn(II) ve Cd(II)  N⌒O = $DEAH_2$ veya $TEAH_3$

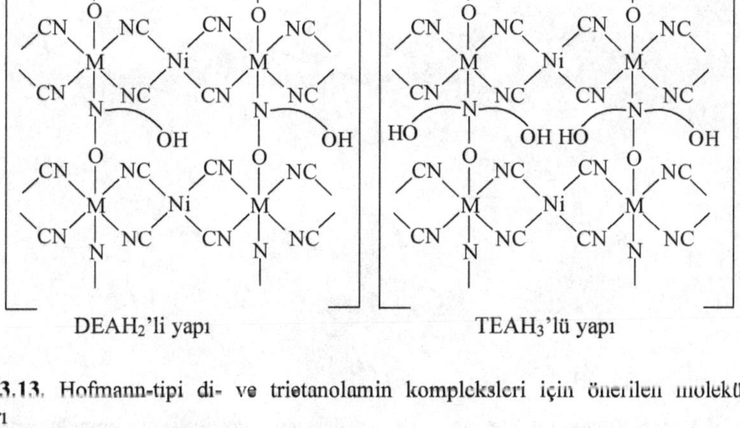

$DEAH_2$'li yapı  $TEAH_3$'lü yapı

**Şekil 3.13.** Hofmann-tipi di- ve trietanolamin kompleksleri için önerilen molekül yapıları

Hazırlanan Hofmann-tipine benzer bu konak yapıların genel yapısı $[M(L)Ni(CN)_4]$ şeklinde verilebilir. Bu yapıda M= Co(III), Ni(II), Cu(II), Zn(II) ve Cd(II) iyonlarını ve L= $DEAH_2$ veya $TEAH_3$ (Co(III) 'de $DEAH^-$ ve $TEAH_2^-$) ligantını ifade etmektedir. Şekil 3.14'de de görüldüğü gibi çift karakterli $CN^-$ ligantının dört C atomu, Ni(II) iyonunu karedüzlem bir geometride koordine etmektedir. Aynı $CN^-$ ligantları dört N atomu ile de M(II) iyonuna bağlanırken, amin ligantları ise N ve O atomları üzerinden elektron çifti sunarak merkez atomuna iki dişli ligant olarak *trans* pozisyonda bağlanarak oktahedral bir geometri oluşturmaktadır. $DEAH_2$ ve $TEAH_3$'ün bu şekilde bağlanması Hofmann-tipi *en*(etilendiamin) kompleksindeki *en* 'nin bağlanmasına benzerdir [26–30]. Bağlanmadaki bu benzerlik, *en* 'deki N-C-C-N zincirine benzer yapının etanolaminlerde de (N-C-C-O) olması ile izah edilebilir.

Birinci önerilen yapı dikkate alınırsa, bu komplekslerin komşu polimerik tabakalardaki aminoalkoller arasında molekül içi H-bağları ve van der Waals etkileşimleriyle üç boyutlu yapılar oluşturdukları tahmin edilmektedir. Aşağıdaki şekil 3.14 ve 3.15'de $DEAH_2$ ve $TEAH_3$ kompleksleri için önerilen üç boyutlu yapılar görülmektedir.

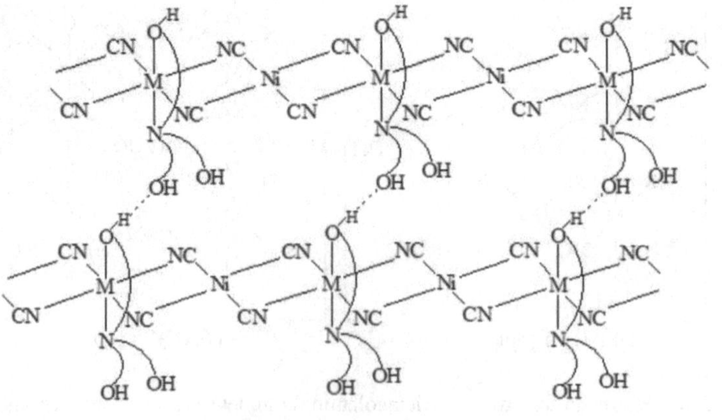

**Şekil 3.14.** Hofmann-tipi dietanolamin kompleksleri için önerilen üç boyutlu yapı

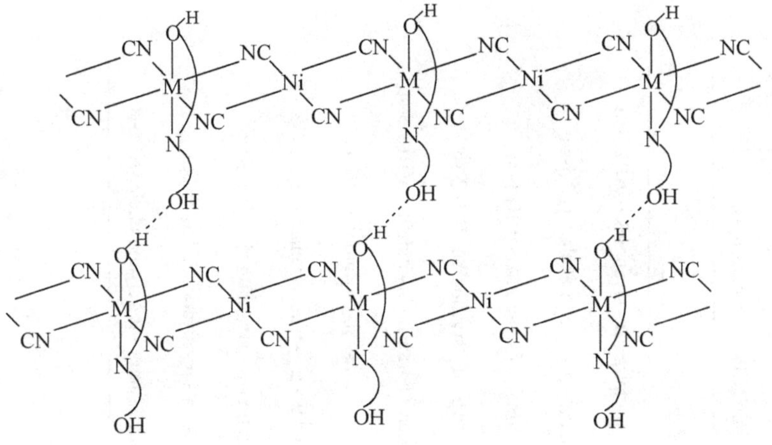


**Şekil 3.15.** Hofmann-tipi trietanolamin kompleksleri için önerilen üç boyutlu yapı

Uluslararası Temel ve Uygulamalı Kimya Birliği 'nin (IUPAC) belirlediği kurallar kullanılarak, köprülü ve zincirleme bir şekilde çok tabakalı katmanlar oluşturan bu $DEAH_2$ ve $TEAH_3$ kompleksleri adlandırılmıştır. Tablo 3.4'de komplekslerin adları verilmiştir.

**Tablo 3.4.** Hofmann-tipi di- ve trietanolamin komplekslerinin IUPAC adlandırması

| Kompleks | Adı |
|---|---|
| $[Co(DEAH)Ni(CN)_4].2H_2O$ | *trans*-dietanolaminatokobalt(III) katen - tetra - μ - siyanonikelat(II) 2-su |
| $[Ni(DEAH_2)Ni(CN)_4].2,5H_2O$ | *trans*-dietanolaminnikel(II) katen - tetra - μ - siyanonikelat(II) 2,5-su |
| $[Cu(DEAH_2)Ni(CN)_4].H_2O$ | *trans*-dietanolaminbakır(II) katen - tetra - μ - siyanonikelat(II) 1-su |
| $[Zn(DEAH_2)Ni(CN)_4].2H_2O$ | *trans*-dietanolaminçinko(II) katen - tetra - μ - siyanonikelat(II) 2-su |
| $[Cd(DEAH_2)Ni(CN)_4].1,5H_2O$ | *trans*-dietanolaminkadmiyum(II) katen - tetra - μ - siyanonikelat(II) 1,5-su |
| $[Co(TEAH_2)Ni(CN)_4].2H_2O$ | *trans*-trietanolaminatokobalt(III) katen - tetra - μ - siyanonikelat(II) 2-su |
| $[Ni(TEAH_3)Ni(CN)_4].1,5H_2O$ | *trans*-trietanolaminnikel(II) katen - tetra - μ - siyanonikelat(II) 1,5-su |
| $[Cu(TEAH_3)Ni(CN)_4].1,5H_2O$ | *trans*-trietanolaminbakır(II) katen - tetra - μ - siyanonikelat(II) 1,5-su |
| $[Zn(TEAH_3)Ni(CN)_4].H_2O$ | *trans*-trietanolaminçinko(II) katen - tetra - μ - siyanonikelat(II) 1-su |
| $[Cd(TEAH_3)Ni(CN)_4].H_2O$ | *trans*-trietanolaminkadmiyum(II) katen - tetra - μ - siyanonikelat(II) 1-su |

## 3.5. Termik Analiz Çalışmaları

Şekil 3.16–3.27'de verilen $DEAH_2$ ve $TEAH_3$ ile bunların Hofmann-tipine benzer komplekslerinin eşzamanlı termik analiz eğrileri Bölüm 2.3'de belirtilen şartlarda kaydedildi. Sıcaklık artışına paralel olarak komplekslerde meydana gelen bozunma basamakları incelenip, bozunma mekanizmaları tahmin edilmeye çalışıldı.

$DEAH_2$, DTG eğrisinde 198 °C maksimum sıcaklığa karşılık gelen 100–240 °C sıcaklık aralığında buharlaşır. DTA eğrisine bakılacak olursa tek basamakta gerçekleşen bu termik olayın fiziksel bir olay olduğu yani sadece buharlaşmayla ilişkili olduğu anlaşılmaktadır (Şekil 3.16).

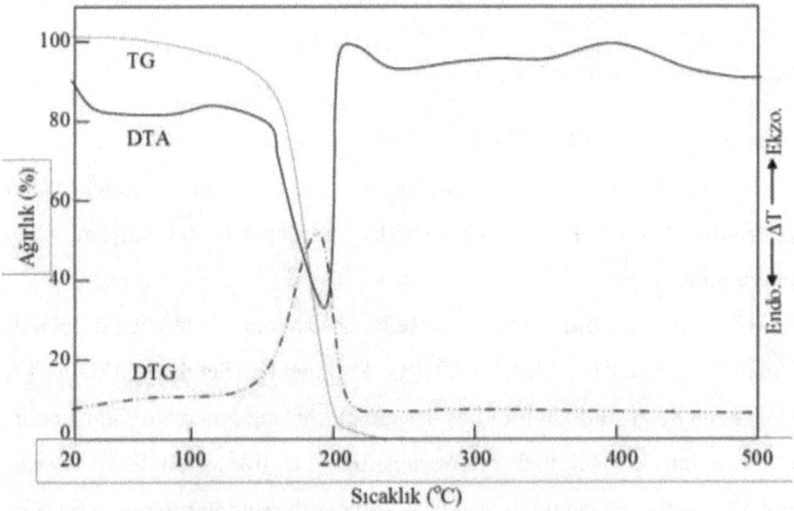


**Şekil 3.16.** Dietanolamin 'in TA eğrileri

Şekil 3.17'de görüldüğü gibi $TEAH_3$ 'de 150–280 °C sıcaklık aralığında buharlaşmakta ve bu buharlaşma olayı DTG eğrisinde 269 °C maksimum sıcaklığa karşılık gelmektedir. Bu termik olayın da fiziksel olduğu DTA eğrisinden rahatlıkla görülmektedir.

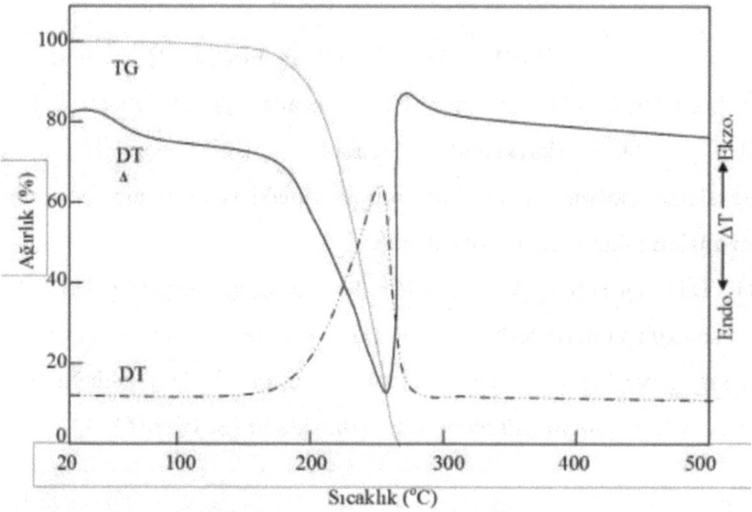


**Şekil 3.17.** Trietanolamin 'in TA eğrileri

Hofmann-tipi Co(III), Ni(II), Cu(II), Zn(II) ve Cd(II)-$DEAH_2$ komplekslerine ait TA eğrilerinden ve termoanalitik sonuçlarından yararlanarak her bir kompleksin sıcaklık karşısındaki davranışları şöyle özetlenebilir:

$DEAH_2$ 'nin bir hidrojenini kaybederek anyonik bir ligant olarak davrandığı $[Co(DEAH)Ni(CN)_4].2H_2O$ kompleksi, Şekil 3.18'deki TA eğrilerinden de görüldüğü gibi beş basamaklı bir bozunmaya uğramaktadır. DTG eğrisinde 59 °C maksimum sıcaklığa karşılık gelen ilk basamak, yapıdaki 2 mol örgü suyunun uzaklaşmasına aittir. Endotermik olan bu olay sonunda menekşe renkli Co(III)-DEAH kompleksinin pembe renge dönüştüğü görülmüştür. Bu duruma Co(III)-$TEAH_2$ komplesinde de rastlanmış, fakat örgü suyu içeren diğer $DEAH_2$ ve $TEAH_3$ komplekslerinde rastlanmamıştır. Co(III)-$DEAH^-$ ve $TEAH_2^-$ komplekslerinde görülen benzer bir durum E. Jona ve arkadaşları tarafından Hofmann-tipi Ni(II)-pridin türevi komplekslerinin termik analiz çalışmalarında rapor edilmiştir [89]. Freeman-Carrol yöntemi ve Jeres düzeltmesi kullanılarak (Bölüm 1.6), dehidrasyon basamağına ait tepkime birinci dereceden, tepkime aktifleşme enerjisi ise 15,4 $kJmol^{-1}$ olarak bulunmuştur. 216–409 $^{o}C$ sıcaklık aralığında endotermik olarak gerçekleşen ikinci basamak, $DEAH^{-}$ 'ın yapıdan uzaklaşmasına karşılık gelmektedir. Kompleksin DTA ve DTG eğrilerine bakıldığında ligantın tek kademede değil, 267 ve 360 $^{o}C$ bozunma maksimumlarına karşılık gelen iki kademede uzaklaştığı görülmektedir. Oldukça karmaşık olan bu basamaklarda ligantın hangi parçalanma ürünlerine bozunduğunu kestirmek oldukça zordur. IR spektrumu ve kütle kaybı (hesaplanan: % 28,78; bulunan: % 28,16) değerlerinden 409 $^{o}C$ kalan kütlenin $[CoNi(CN)_4]$ olduğu yani bu sıcaklığa ulaşıldığında dietanolamin anyonunun tamamen yapıdan uzaklaştığı anlaşılmaktadır. Hofmann-tipi komplekslerin bozunması sonucu $[MM'(CN)_4]$ şeklindeki bir ara oluşum, daha önce başka çalışma grupları tarafından da rapor edilmiştir [27–29]. 409 $^{o}C$'nin üzerindeki sıcaklıklarda yani son basamakta ise siyano grupları da iki kademede ayrışmaktadır. 540 $^{o}C$'de biten endotermik ve ekzotermik bu olaylardan sonra geride karışım halinde metalik Co ve Ni ele geçmektedir.

Şekil 3.19'da görüldüğü gibi $[Ni(DEAH_2)Ni(CN)_4].2,5H_2O$ üç basamaklı bir bozunmaya uğramaktadır. Tek kademede örgü suyunun uzaklaştığı ilk basamağa ait kinetik hesaplamalardan dehidrasyonun birinci dereceden ve dehidrasyon aktifleşme enerjisinin 12,6 $kJmol^{-1}$ olduğu görülmüştür. TG eğrisinden de görüldüğü gibi bozunmanın birbirini takip etmesinden dolayı ikinci ve üçüncü basamaklar oldukça güç ayırt edilebilmektedir. 225–375 $^{o}C$ sıcaklık aralığında $DEAH_2$ yapıdan tamamen uzaklaşırken, DTG eğrisinde 518 $^{o}C$ maksimum sıcaklığa karşılık gelen üçüncü basmakta dört mol siyanür yapıdan ekzotermik olarak uzaklaşmaktadır. Geriye kalan %

30,62 'lik kütleden son ürünün iki mol metalik Ni (teorik: % 31,61) olduğu anlaşılmaktadır.

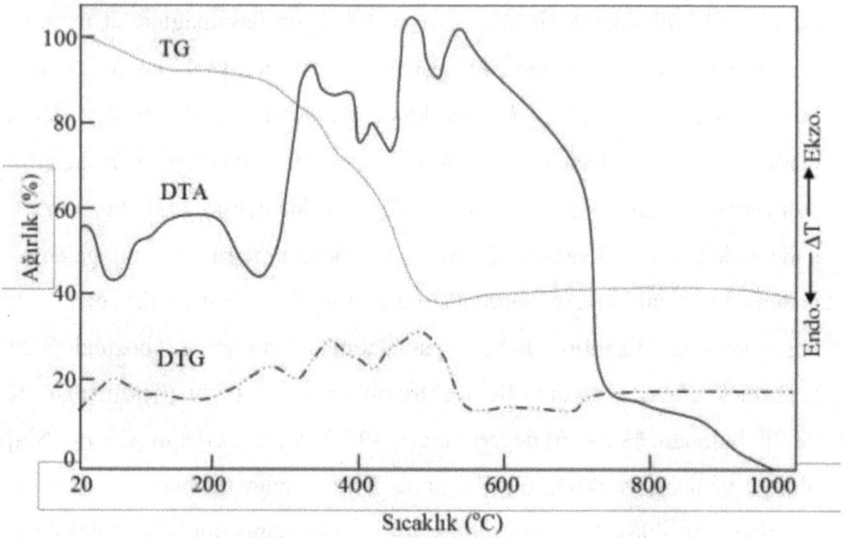


**Şekil 3.18.** Hofmann-tipi Co(III)-DEAH kompleksinin TA eğrileri

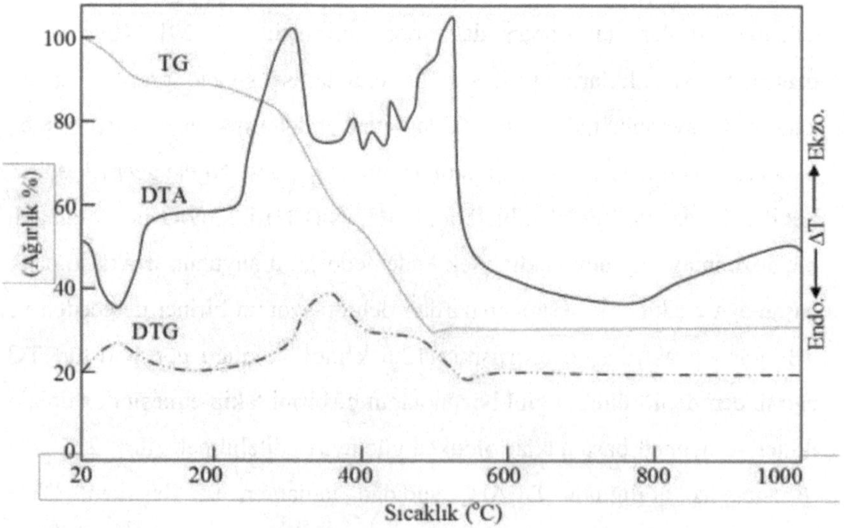


**Şekil 3.19.** Hofmann-tipi Ni(II)-DEAH kompleksinin TA eğrileri

$[Cu(DEAH_2)Ni(CN)_4].H_2O$ kompleksinde ilk basamakta 24–104 °C sıcaklık aralığında yapıdan bir mol örgü suyu uzaklaşmaktadır. Bu basamağa ait ayrışma 1,5 dereceden ve aktifleşme enerjisi 15,6 $kJmol^{-1}$ olarak bulunmuştur. Şekil 3.20'den de görüldüğü gibi kristal suyunun uzaklaşmasından sonraki bozunma basamakları oldukça karmaşıktır. 315 °C'ye ulaşıldığında TG eğrisinde % 20,05'lik bir kütle kaybı meydana gelmektedir. Bu $[CuNi(CN)_4]$ 'ün (teorik: % 20,93) oluşumuna, bir başka ifadeyle $DEAH_2$ 'nin ayrılmasına karşılık gelmektedir. Oluşan dimetal siyanür bileşiği 315–665 °C sıcaklık aralığında endotermik ve ekzotermik olarak ayrışmaktadır. Tamamen ayrışma DTG eğrisinde 860 °C maksimum sıcaklığa karşılık gelen bir kütle kaybı ile son bulmaktadır. Bu bozunma ile birlikte deneysel toplam kütle kaybı % 54,51 olarak bulunmuştur (teorik: %55,85). Diğer komplekslerden farklı olarak Cu(II)-$DEAH_2$ kompleksinde kalan ürünler CuO ve NiO 'ye karşılık gelmektedir (deneysel: % 45,49 teorik: % 44,15).

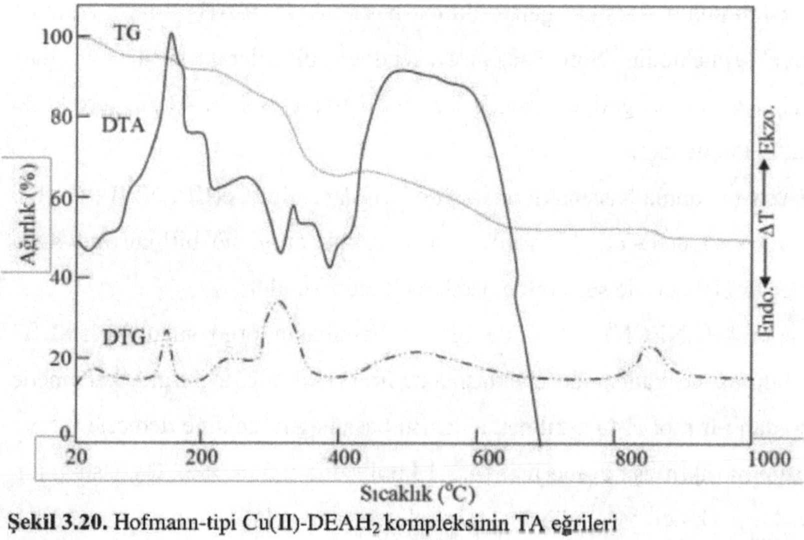


**Şekil 3.20.** Hofmann-tipi Cu(II)-$DEAH_2$ kompleksinin TA eğrileri

Dehidrasyonun birinci dereceden, dehidrasyon aktifleşme enerjisinin 17,9 $kJmol^{-1}$ olduğu birinci basamakta yani 21–115 $^{o}C$ sıcaklık aralığında $[Zn(DEAH_2)Ni(CN)_4].2H_2O$ kompleksinde 2 mol örgü suyu uzaklaşmaktadır (Şekil 3.21). 121 $^{o}C$'de bozunmaya başlayan susuz komplekste ikinci basamak 354 $^{o}C$'de tamamlanmaktadır. Bu basamakta gözlenen % 24,09'luk kütle kaybı (teorik: % 24,14) yapıdan $DEAH_2$'nin tamamen uzaklaştığını göstermektedir. DTG eğrisinde 390 $^{o}C$'ye karşılık gelen üçüncü basamakta ise siyanürlerin tamamı endotermik olarak uzaklaşmaktadır. Kalan % 37,61'lik (teorik: % 37,93) kütle ise ZnO-Ni karışımına karşılık gelmektedir.

DTG 'de 56 $^{o}C$ maksimum sıcaklığa karşılık gelen 25–110 $^{o}C$ aralığında $[Cd(DEAH_2)Ni(CN)_4].1,5H_2O$ kompleksinden örgü suyu uzaklaşmaktadır (Şekil 3.22). Bu basamağa ait dehidrasyon birinci dereceden, dehidrasyon aktifleşme enerjisi 14,6 $kJmol^{-1}$ olarak bulunmuştur. 200 $^{o}C$'ye kadar kararlı olan susuz komplekste, DTG eğrisinde 274 ve 327 $^{o}C$ maksimumlara karşılık gelen ikinci basamakta $DEAH_2$ 'nin ayrılması gerçekleşmektedir. Son basamakta endotermik olarak siyano grupları uzaklaşmakta ve geriye metalik Cd ve Ni (deneysel: % 43,56; teorik: % 42,02) kalmaktadır.

Benzer bozunma basamaklarına sahip Hofmann-tipi Co(III), Ni(II), Cu(II), Zn(II) ve Cd(II)-$TEAH_3$ yapılarında sıcaklık artışı ile birlikte meydana gelen değişikleri de şu şekilde özetlemek mümkündür:

$[Co(TEAH_2)Ni(CN)_4].2H_2O$'de birinci basamakta örgü suyu 28–100 $^{o}C$ aralığında üç kademede uzaklaşmaktadır (Şekil 3.23). Birinci kademede yapıdan bir mol $H_2O$ ayrılmaktadır. Bu basamağın tepkime derecesi 0,5 ve bozunma aktifleşme enerjisi 14,3 $kJmol^{-1}$'dir. 0,5'er mol örgü suyunun ayrıldığı ikinci ve üçüncü kademelerde sırasıyla bozunma 1 ve 1,5 dereceden, bozunma aktifleşme enerjileri 14,5 ve 15,1 $kJmol^{-1}$ olarak bulunmuştur. 200 °C'ye kadar kararlı susuz komplekste 201–393 °C aralığında % 36,30'luk bir kütle kaybı, $TEAH_2$'nin bu basamakta yapıdan uzaklaştığını göstermektedir (teorik: % 36,51). 395–540 °C aralığında gerçekleşen son basamakta ekzotermik olarak siyano grupları ayrılırken geriye karışım halinde metalik Co ve Ni kalmaktadır.

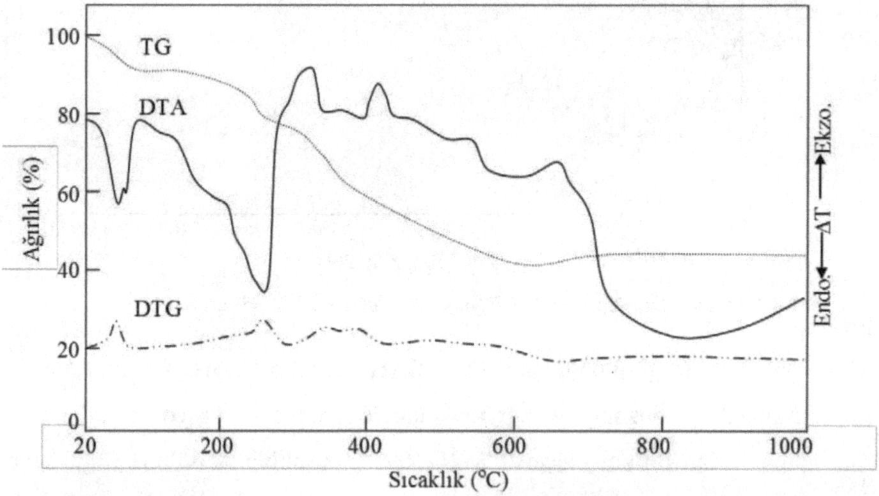


**Şekil 3.21.** Hofmann-tipi Zn(II)-$DEAH_2$ kompleksinin TA eğrileri

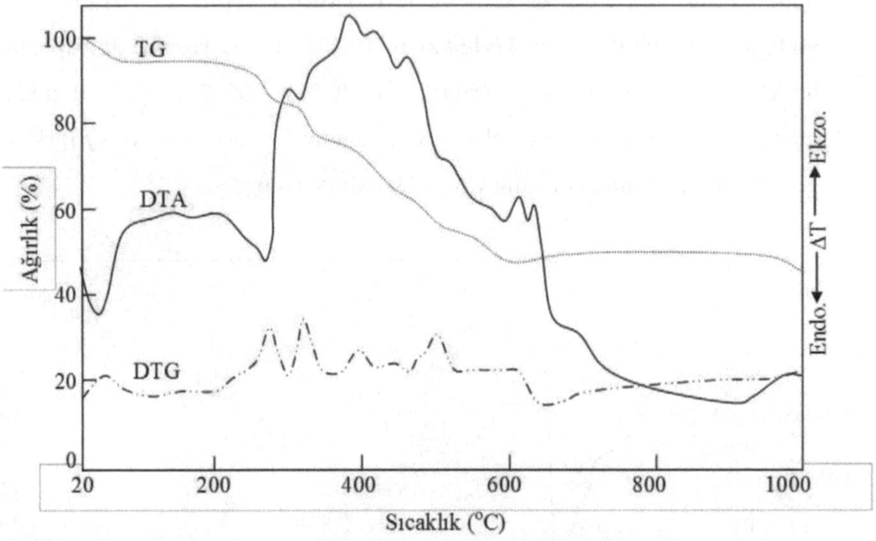


**Şekil 3.22.** Hofmann-tipi Cd(II)-DEA$H_2$ kompleksinin TA eğrileri

Şekil 3.24'de görüldüğü gibi [Ni(TEA$H_3$)Ni(CN)$_4$].1,5$H_2O$ kompleksi üç basamaklı bir bozunmaya uğramaktadır. Bozunma aktivasyon enerjisi 13,2 kJmol$^{-1}$ olan birinci basamakta 26-109 °C sıcaklık aralığında örgü suyu uzaklaşmaktadır. İkinci basamakta DTG eğrisinde 352 °C maksimum sıcaklığa karşılık gelen 239–362 °C 'de endotermik olarak TEA$H_3$ 'ün ayrılması gerçekleşmektedir. Son basamakta da siyano grupları uzaklaşarak metalik Ni ele geçmektedir.

[Cu(TEA$H_3$)Ni(CN)$_4$].1,5$H_2O$ kompleksinde birinci basamakta DTG eğrisinde 52 °C maksimum sıcaklığa karşılık gelen örgü suyunun uzaklaşması gerçekleşmektedir (Şekil 3.25). Bu basamağın bozunması 1,5 dereceden ve bozunma aktivasyon enerjisi 12,1 kJmol$^{-1}$ olarak bulunmuştur. İkinci basamakta [CuNi(CN)$_4$] 'ün oluşumu ile tamamlanan 113–341 °C sıcaklık aralığında biri ekzotermik olmak üzere karmaşık üç bozunma gerçekleşmektedir. Son basamakta 341–663 °C sıcaklık aralığında ekzotermik bir ara ayrışma basamağı ve DTG 'de 862 °C maksimum sıcaklığa karşılık gelen % 3,11'lik kütle kaybıyla geriye CuO ve Ni karışımı ele geçmektedir.

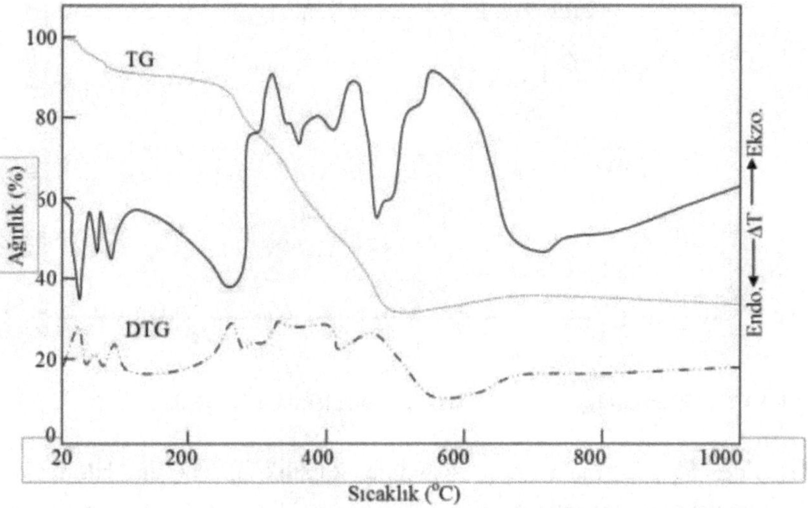


**Şekil 3.23.** Hofmann-tipi Co(III)-TEA$H_2$ kompleksinin TA eğrileri

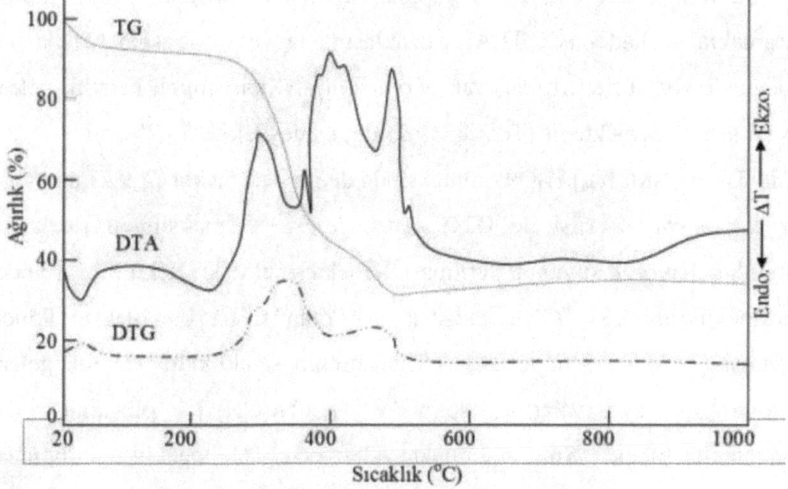


**Şekil 3.24.** Hofmann-tipi Ni(II)-TEA$H_3$ kompleksinin TA eğrileri

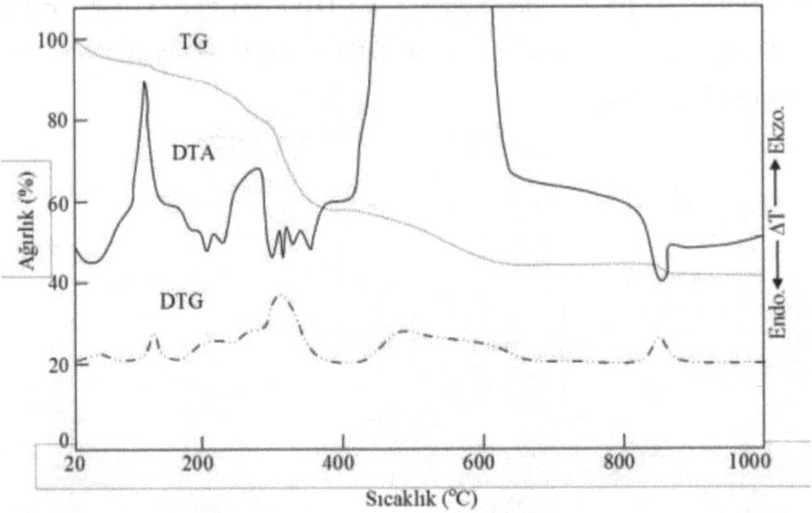


**Şekil 3.25.** Hofmann-tipi Cu(III)-$TEAH_3$ 'nin kompleksinin TA eğrileri

DTG'de 55 °C maksimum sıcaklığa karşılık gelen ilk basamakta, [Zn($TEAH_3$) $Ni(CN)_4$].$H_2O$ kompleksinde bir mol örgü suyu 16,7 $kJmol^{-1}$ 'lik bir aktivasyon enerjisiyle yapıdan ayrılmaktadır(Şekil 3.26). İkinci basamakta üç kademede $TEAH_3$ uzaklaşmakta ve son basamakta da iki kademede siyanürler uzaklaşarak geriye ZnO-Ni karışımına karşılık gelen bir kütle ele geçmektedir (Teorik: % 35,06; Deneysel: % 35,75).

[Cd($TEAH_3$)$Ni(CN)_4$].$H_2O$ kompleksinde de ilk basamakta 14,9 $kJmol^{-1}$'lik bir aktivasyon enerjisi ile DTG eğrisinde 97 °C maksimum sıcaklığa karşılık gelen örgü suyunun ayrılması gerçekleşmektedir. Şekil 3.27'den de görüldüğü gibi 281 °C'ye kadar kararlı olan susuz komplekste ikinci basamak, DTG'de 317 ve 343 °C maksimum sıcaklıklara karşılık gelen endotermik ayrışmaların sonunda [$CdNi(CN)_4$] oluşumu ile tamamlanmaktadır. Son basamakta 380–661 °C sıcaklık aralığında [$CdNi(CN)_4$] 'nin termik ayrışması gerçekleşmekte ve geride metalik Cd ve Ni kalmaktadır (Teorik: % 38,77; Deneysel: % 37,32).

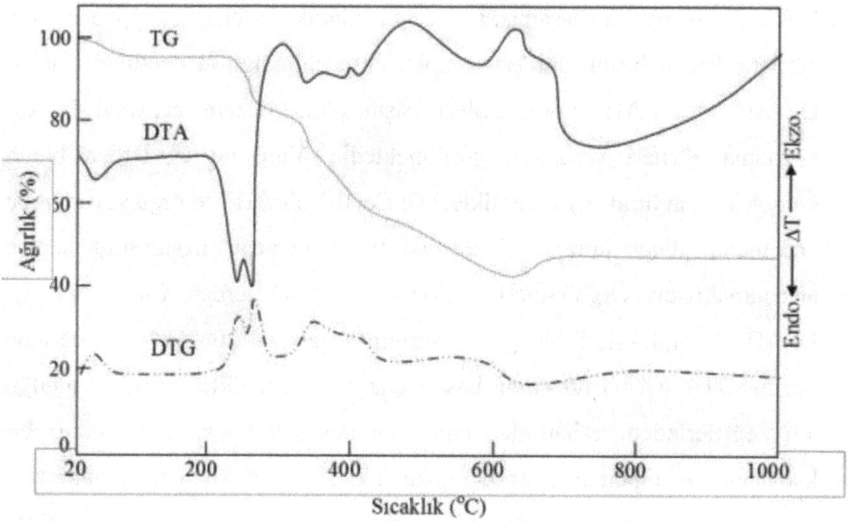


**Şekil 3.26.** Hofmann-tipi Zn(II)-$TEAH_3$ 'nin kompleksinin TA eğrileri

**Şekil 3.27.** Hofmann-tipi Cd(II)-$TEAH_3$'nin kompleksinin TA eğrileri

Yukarıda bozunma basamakları genel olarak incelenen yapıların TA eğrilerinden hiçbirinin bir erime noktasının olmadığı ve özellikle Cu(II)-$DEAH_2$ ve $TEAH_3$ kompleksleri başta olmak üzere hepsinin benzer bozunma eğrileri verdikleri görülmektedir. Yine bu eğrilerden bütün komplekslerin örgü suyu içerdikleri ve Co(III)-$TEAH_2$'de örgü suyunun üç kademede, diğer komplekslerde ise bir kademede uzaklaştığı açıkça anlaşılmaktadır. Örgü suları uzaklaşan komplekslerden Cu(II), Zn(II)-$DEAH_2$ kompleksleri hariç diğerlerinin ortalama 200 $^{o}$C'nin üzerinde bozundukları ve bu bozunma basamaklarının genellikle karmaşık olduğu TA eğrilerinden rahatlıkla fark edilmektedir. Karmaşık olan bu kademelerde ligantların nasıl bozunduklarını tahmin etmek mümkün olmadığından her kademe için bir bozunma reaksiyonu önermek mümkün olamamıştır.

Termik analiz verileri dikkate alındığında Hofmann-tipine benzer $DEAH_2$ ve $TEAH_3$ kompleksleri için genel bir termik ayrışma reaksiyonu aşağıdaki gibi önerilebilir. Ancak Cu(II)-$DEAH_2$ kompleksi için kalan ürün CuO ve NiO 'e karşılık gelirken, Cu(II)-$TEAH_3$ kompleksi için kalan ürün CuO-Ni'e ve Zn(II)-$DEAH_2$-$TEAH_3$ komplekslerinde de kalan ürünler ZnO ve Ni 'e karşılık gelmektedir.

$$[M(L)Ni(CN)_4].xH_2O_{(k)} \xrightarrow[-xH_2O_{(g)}]{} [M(L)Ni(CN)_4]_{(k)}$$

$$[M(L)Ni(CN)_4]_{(k)} \xrightarrow[-L_{(g)}]{} [MNi(CN)_4]_{(k)}$$

$$[MNi(CN)_4]_{(k)} \xrightarrow[-4CN_{(g)}]{} M_{(k)} + Ni_{(k)}$$

Genel olarak bütün kompleksler için önerilen bu termik ayrışma reaksiyonunda, Cd(II)-$DEAH_2$ ve $TEAH_3$ kompleksleri için son bozunma basamağını, Cd'nin 765 $^{o}$C'de kaynadığı göz önünde bulundurulduğunda aşağıdaki gibi önermek daha doğru olabilir.

$$[CdNi(CN)_4]_{(k)} + O_2 \xrightarrow[-4CN_{(g)}]{} CdO_{1-x} + Ni$$

Susuz komplekslerin bozunmaya başladıkları ilk sıcaklıklar referans olarak alınırsa, $DEAH_2$ ve $TEAH_3$ komplekslerinin kendi aralarındaki termik kararlılık sırası aşağıda verildiği gibi olur.

$DEAH_2$ kompleksleri için:

Ni(II) – Ni(II) (225 °C) > Co(III)– Ni(II) (216 °C) > Cd(II) – Ni(II) (201 °C) > Cu(II) – Ni(II) (122 °C) > Zn(II) – Ni(II) (121 °C)

$TEAH_3$ kompleksleri için:

Cd(II) – Ni(II) (281 °C) > Ni(II) – Ni(II) (239 °C) > Zn(II) – Ni(II) (223 °C) > Co(III) – Ni(II) (201 °C) > Cu(II) – Ni(II) (113 °C)

Bu sıralamalardan, susuz Co(III), Ni(II), Cu(II), Zn(II) ve Cd(II)-$DEAH_2$ ve $TEAH_3$ komplekslerinin termik kararlılıklarında bir düzenlilik olmamakla birlikte, Zn(II)-$DEAH_2$ kompleksi dikkate alınmazsa Cu(II)-$DEAH_2$ ve $TEAH_3$ komplekslerinin diğer komplekslerden daha düşük bir termik karalılığa sahip olduğu açıkça görülmektedir. Bu yapıların termik kararlılıklarında Co(III)'den Cd(II)'ye doğru bir düzenliliğin olmaması, benzer yapılar olan Hofmann-tipi etilendiamin(*en*) komplekslerinde de ortaya çıkmıştır [29].

Tablo 3.5'de Hofmann-tipi $DEAH_2$ ve $TEAH_3$ komplekslerinin bozunmaları ile ilgili termoanalitik sonuçlar verilmiştir.

**Tablo 3.5.** Hofmann-tipi di- ve trietanolamin komplekslerinin TG, DTG ve DTA eğrilerinden elde edilen termoanalitik sonuçlar

| Kompleks | Bozunma basamağı | Bozunma aralığı (°C) | $DTG_{mak.}$ (°C) | Ağırlık kaybı (%) Deneysel | Ağırlık kaybı (%) Teorik | Top. ağırlık kaybı (%) Deneysel | Top. ağırlık kaybı (%) Teorik | Kalan ürün |
|---|---|---|---|---|---|---|---|---|
| $[Co(DEAH)Ni(CN)_4].2H_2O$ | | | | | | | | |
| $C_8H_{14}N_5O_4CoNi$ | 1 | 30-154 | 59(+) | 9,45 | 9,95 | | | $[Co(DEAH)Ni(CN)_4]$ |
| | 2 | 216-409 | 267(+) | | | | | |
| | 3 | | 360(+) | 28,16 | 28,78 | | | $CoNi(CN)_4$ |
| | 4 | 409-540 | 434(+) | | | | | |
| | 5 | | 480(–) | 28,42 | 28,74 | 66,03 | 67,47 | Co-Ni |
| $[Ni(DEAH_2)Ni(CN)_4].2,5H_2O$ | | | | | | | | |
| $C_8H_{16}N_5O_{4,5}NiNi$ | 1 | 25-120 | 63(+) | 12,30 | 12.11 | | | $[Ni(DEAH_2)Ni(CN)_4]$ |
| | 2 | 225-375 | 352(+) | 29,08 | 28,29 | | | $NiNi(CN)_4$ |
| | 3 | 375-555 | 518(–) | 28,00 | 27,98 | 69,38 | 68,39 | Ni-Ni |
| $[Cu(DEAH_2)Ni(CN)_4].H_2O$ | | | | | | | | |
| $C_8H_{13}N_5O_3CuNi$ | 1 | 24-104 | 67(+) | 5,38 | 5,15 | | | $[Cu(DEAH_2)Ni(CN)_4]$ |
| | 2 | 122-315 | 166(–) | | | | | |
| | 3 | | 241(+) | 20,05 | 20,93 | | | $CuNi(CN)_4$ |
| | 4 | 315-665 | 325(+) | | | | | |
| | 5 | | 516(–) | 26,07 | 29,77 | | | |
| | 6 | 832-900 | 860(+) | 3,11 | | 54,51 | 55,85 | CuO-NiO |
| $[Zn(DEAH_2)Ni(CN)_4].2H_2O$ | | | | | | | | |
| $C_8H_{15}N_5O_4ZnNi$ | 1 | 21-115 | 74(+) | 9,32 | 9,75 | | | $[Zn(DEAH_2)Ni(CN)_4]$ |
| | 2 | 121-354 | 177(+) | | | | | |
| | 3 | | 262(+) | 24,09 | 24,14 | | | $ZnNi(CN)_4$ |
| | 4 | 354-607 | 390(+) | 28,98 | 28,18 | 62,39 | 62,07 | ZnO-Ni |
| $[Cd(DEAH_2)Ni(CN)_4].1,5H_2O$ | | | | | | | | |
| $C_8H_{14}N_5O_{3,5}CdNi$ | 1 | 25-110 | 56(+) | 6,29 | 6,63 | | | $[Cd(DEAH_2)Ni(CN)_4]$ |
| | 2 | 201-399 | 274(+) | | | | | |
| | 3 | | 327(+) | 25,38 | 25,81 | | | $CdNi(CN)_4$ |
| | 4 | 399-620 | 402(+) | | | | | |
| | 5 | | 498(+) | | | | | |
| | 6 | | 600(+) | 24,65 | 25,54 | 56,44 | 57,98 | Cd-Ni |

**Tablo 3.5.** 'in devamı

| Kompleks | Bozunma basamağı | Bozunma aralığı (°C) | $DTG_{mak.}$ (°C) | Ağırlık kaybı (%) Deneysel | Ağırlık kaybı (%) Teorik | Top. ağırlık kaybı (%) Deneysel | Top. ağırlık kaybı (%) Teorik | Kalan ürün |
|---|---|---|---|---|---|---|---|---|
| $[Co(TEAH_2)Ni(CN)_4].2H_2O$ | | | | | | | | |
| $C_{10}H_{18}N_5O_5CoNi$ | 1 | 28-57 | 46(+) | 4,70 | 4,44 | | | $[Co(TEAH_2)Ni(CN)_4].H_2O$ |
| | 2 | 57-80 | 69(+) | 2,17 | 2,22 | | | $[Co(TEAH_2)Ni(CN)_4].0,5H_2O$ |
| | 3 | 80-100 | 88(+) | 2,20 | 2,22 | | | $[Co(TEAH_2)Ni(CN)_4]$ |
| | 4 | 201-393 | 256(+) | 36,30 | 36,51 | | | $CoNi(CN)_4$ |
| | 5 | | 360(+) | | | | | |
| | 6 | 393-540 | 442(–) | 24,67 | 25,63 | 70,04 | 71,02 | Co-Ni |
| $[Ni(TEAH_3)Ni(CN)_4].1,5H_2O$ | | | | | | | | |
| $C_{10}H_{18}N_5O_{4,5}NiNi$ | 1 | 26-109 | 44(+) | 6,82 | 6,79 | | | $[Ni(TEAH_3)Ni(CN)_4]$ |
| | 2 | 239-362 | 352(+) | 38,23 | 37,52 | | | $NiNi(CN)_4$ |
| | 3 | 362-496 | 470(+) | 26,01 | 26,16 | 71,06 | 70,47 | Ni-Ni |
| $[Cu(TEAH_3)Ni(CN)_4].1,5H_2O$ | | | | | | | | |
| $C_{10}H_{18}N_5O_{4,5}CuNi$ | 1 | 25-104 | 52(+) | 6,37 | 6,71 | | | $[Cu(TEAH_3)Ni(CN)_4]$ |
| | 2 | 113-341 | 132(–) | | | | | |
| | 3 | | 216(+) | | | | | |
| | 4 | | 324(+) | 33,41 | 33,09 | | | $CuNi(CN)_4$ |
| | 5 | 341-663 | 565(–) | 22,08 | 25,85 | | | |
| | 6 | 779-905 | 862(+) | 3,11 | | 64,97 | 65,65 | CuO-Ni |
| $[Zn(TEAH_3)Ni(CN)_4].H_2O$ | | | | | | | | |
| $C_{10}H_{17}N_5O_4CdNi$ | 1 | 25-110 | 55(+) | 4,25 | 4,58 | | | $[Zn(TEAH_3)Ni(CN)_4]$ |
| | 2 | 223-392 | 246(+) | | | | | |
| | 3 | | 267(+) | 33,62 | 33,88 | | | $ZnNi(CN)_4$ |
| | 4 | 392-615 | 346(+) | | | | | |
| | 5 | | 414(+) | 26,38 | 26,48 | 64,25 | 64,94 | ZnO-Ni |
| | 6 | | 581(+) | | | | | |
| $[Cd(TEAH_3)Ni(CN)_4].H_2O$ | | | | | | | | |
| $C_{10}H_{17}N_5O_4CdNi$ | 1 | 24-118 | 97(+) | 4,12 | 4,07 | | | $[Cd(TEAH_3)Ni(CN)_4]$ |
| | 2 | 281-370 | 317(+) | 34,22 | 33,73 | | | $CdNi(CN)_4$ |
| | 3 | | 343(+) | | | | | |
| | 4 | 380-661 | 625(+) | 24,34 | 23,52 | 62,68 | 61,23 | Cd-Ni |

Freeman-Carrol metodu ve Jeres düzeltmesi kullanılarak elde edilen Co(III), Ni(II), Cu(II), Zn(II) ve Cd(II)-$DEAH_2$ ve $TEAH_3$ komplekslerinin dehidrasyon basamaklarına ilişkin kinetik veriler Tablo 3.6'da verilmiştir. Tablo 3,6'dan dehidrasyonun genelde birinci ve 1,5. dereceden, aktivasyon enerji değerlerinin ise ortalama 12,0 ile 15,5 $kJmol^{-1}$ arasında olduğu görülür. Yapıdan örgü suyunun uzaklaşmasına ilişkin bu aktivasyon enerji değerleri çeşitli çift tuzların dehidrasyon basamağına ait aktivasyon enerji değerleriyle karşılaştırıldığında genelde daha küçük olduğu ortaya çıkar [90].

Komplekslerin aktivasyon enerji değerleri dikkate alındığında;

$DEAH_2$ kompleksleri için:

Zn(II)–Ni(II)>Cu(II)–Ni(II)>Co(III)–Ni(II)> Cd(II)–Ni(II) > Ni(II)–Ni(II)

$TEAH_3$ kompleksleri için:

Zn(II)–Ni(II)>Cd(II)–Ni(II)>Co(III)–Ni(II)>Ni(II)–Ni(II)>Cu(II)–Ni(II)

sırası elde edilir.

Bu sıralamalardan $DEAH_2$ ve $TEAH_3$ komplekslerinin dehidrasyon aktivasyon enerjileri arasında bir düzenlilik olmamakla birlikte, Zn(II)-$DEAH_2$ ve $TEAH_3$ komplekslerinin dehidrasyon aktivasyon enerjilerinin diğer komplekslerin aktivasyon enerjilerinden daha büyük olduğu ve $DEAH_2$ kompleksleri arasında Ni(II)-$DAEH_2$ komplesinin, $TEAH_3$ kompleksleri arasında da Cu(II)-$TEAH_3$ kompleksinin dehidrasyon aktivasyon enerjisinin en az olduğu ortaya çıkmaktadır.

Tablo 3.6'da da dehidrasyon basamağına ait kinetik veriler özetlenmiştir.

**Tablo 3.6.** Hofmann-tipi di- ve trietanolamin komplekslerinin dehidrasyon basamaklarına ait kinetik veriler

| Bozunma tepkimesi | Ayrılan grup | Ea ($kJmol^{-1}$) | n | r* |
|---|---|---|---|---|
| $[Co(DEAH)Ni(CN)_4]2H_2O_{(k)} \xrightarrow{30-154^\circ C} [Co(DEAH)Ni(CN)_4]_{(k)}$ | $2H_2O$ | 15,4 | 1,0 | 0,99 |
| $[Ni(DEAH_2)Ni(CN)_4]2,5H_2O_{(k)} \xrightarrow{25-120^\circ C} [Ni(DEAH_2)Ni(CN)_4]_{(k)}$ | $2,5H_2O$ | 12,6 | 1,0 | 0,99 |
| $[Cu(DEAH_2)Ni(CN)_4]H_2O_{(k)} \xrightarrow{24-104^\circ C} [Cu(DEAH_2)Ni(CN)_4]_{(k)}$ | $H_2O$ | 15,6 | 1,5 | 0,99 |
| $[Zn(DEAH_2)Ni(CN)_4]2H_2O_{(k)} \xrightarrow{21-118^\circ C} [Zn(DEAH_2)Ni(CN)_4]_{(k)}$ | $2H_2O$ | 17.9 | 1,0 | 0,99 |
| $[Cd(DEAH_2)Ni(CN)_4]1,5H_2O_{(k)} \xrightarrow{25-121^\circ C} [Cd(DEAH_2)Ni(CN)_4]_{(k)}$ | $1,5H_2O$ | 14,6 | 1,0 | 0,99 |
| $[Co(TEAH_2)Ni(CN)_4]2H_2O_{(k)} \xrightarrow{28-57^\circ C} [Co(TEAH_2)Ni(CN)_4]H_2O_{(k)}$ | $H_2O$ | 14,3 | 0,5 | 0,99 |
| $[Co(TEAH_2)Ni(CN)_4]H_2O_{(k)} \xrightarrow{57-80^\circ C} [Co(TEAH_2)Ni(CN)_4]0,5H_2O_{(k)}$ | $0,5H_2O$ | 14,5 | 1,0 | 0,99 |
| $[Co(TEAH_2)Ni(CN)_4]0,5H_2O_{(k)} \xrightarrow{80-100^\circ C} [Co(TEAH_2)Ni(CN)_4]_{(k)}$ | $0,5H_2O$ | 15,1 | 1,5 | 0,98 |
| $[Ni(TEAH_3)Ni(CN)_4]1,5H_2O_{(k)} \xrightarrow{24-100^\circ C} [Ni(TEAH_3)Ni(CN)_4]_{(k)}$ | $1,5H_2O$ | 13,2 | 1,5 | 0,98 |
| $[Cu(TEAH_3)Ni(CN)_4]1,5H_2O_{(k)} \xrightarrow{16-104^\circ C} [Cu(TEAH_3)Ni(CN)_4]_{(k)}$ | $1,5H_2O$ | 12,1 | 1,5 | 0,97 |
| $[Zn(TEAH_3)Ni(CN)_4]H_2O_{(k)} \xrightarrow{25-110^\circ C} [Zn(TEAH_3)Ni(CN)_4]_{(k)}$ | $H_2O$ | 16,7 | 1,5 | 0,99 |
| $[Cd(TEAH_3)Ni(CN)_4]H_2O_{(k)} \xrightarrow{24-118^\circ C} [Cd(TEAH_3)Ni(CN)_4]_{(k)}$ | $H_2O$ | 14,9 | 0,5 | 0,99 |

r*: regrasyon katsayısı

# II. Bölüm

# Werner-Tipi Di- ve Trietanolamin İçeren Konak Yapılar

# IV. Werner-Tipi Yapılar

## 4.1. Çeşitli Werner-Tipi Kompleksler

$[MX_2L_4]$ genel formülü ile gösterilen ve inklüzyon özelliğine sahip çok yaygın konak koordinasyon bileşikleri sentezlenmiş, çeşitli yöntemler kullanılarak özellikleri incelenerek yapıları aydınlatılmaya çalışılmıştır.

İlk kez Schaeffer ve çalışma grubu ile daha sonra Radzitzky ve çalışma grubu kapsamlı deneysel çalışmalar yaparak $[MX_2L_4]$ bileşiminde çok sayıda inklüzyon yeteneği gösteren kompleks bileşik sentezlemişlerdir [91]. $[MX_2L_4]$ formülünde M; Mn(II), Fe(II), Co(II), Ni(II), Cu(II), Zn(II), Cd(II) ve Hg(II) gibi geçiş metalleri, X; $NCS^-$, $NCO^-$, $CN^-$, $NO_3^-$, $NO_2^-$, $Cl^-$, $Br^-$ ve $I^-$ gibi anyonik ligantları ve L ise piridin, sübstitüe piridin, α-arilalkilamin gibi nötral ligantları ifade etmektedir. Bu anyonik ve nötral ligantları kullanarak çok sayıda $[MX_2L_4]$ tipinde koordinasyon bileşiği elde etmek mümkündür.

$[MX_2L_4]$ tipi konak yapılar soygazlardan aromatik hidrokarbonlara kadar çok çeşitli konuk molekülleri kristal örgülerinde tutarak inklüzyon bileşikleri oluşturabilmektedirler. Bu inklüzyon bileşikleri, konak yapının bulunduğu ortama sıvı veya çözünmüş konuk molekülün ilave edilmesiyle katı olarak hazırlanabilir. Hatta konuk molekül gaz halde ise katı konak molekülün bulunduğu ortama gaz molekülleri gönderilerek de bu tür bileşikler sentez edilebilir.

$[MX_2L_4]$ tipi kompleksler, nötral ligantların moleküler hacmine bağlı olarak oktahedral koordinasyonda uzayda değişik şekillerde bulunmaktadır. Bunlardan en yaygın olanı 4-metilpiridin kullanılarak hazırlanan $[Ni(NCS)_2(4\text{-}MePy)_4]$ konak yapısının uçak pervanesine benzer bir şekildeki düzenidir [92–94]. $[Ni(ClO_4)_2(3,5\text{-}diMePy)_4]$, $[Ni(NCS)_2(4\text{-}$

$EtPy)_4]$, $[Ni(NCS)_2(4\text{-}ViPy)_4]$ ve $[Ni(NCS)_2(4\text{-}MePy)_2(4\text{-}PhPy)_2]$ gibi bazı yapılar da bu düzene sahiptir [95–97].

Tek kristal X-ışını kırınımı ile aydınlatılan $[MX_2L_4]$ komplekslerinin diğer bir geometrik düzeni merkezi simetrik bir görünüme sahip şeklidir. $[Co(NCS)_2Py_4]$ ile bu kompleksin iyot ve iyodoform içeren inklüzyon bileşikleri , $[Ni(NCS)_2(4\text{-}MePy)_4]$ 'nin 2-metilnaftalin veya 2-bromnaftalin ile oluşturduğu inklüzyon bileşikleri ve $[Ni(NCS)_2(DMF)_4]$ gibi yapıların çeşitli konuk yapılarla verdikleri inklüzyon bileşikleri bu tür düzenlenmelere örnek olarak verilebilir [98–101].

## 4.2. Kullanım Alanları

Bir çok inklüzyon özelliği gösteren konak yapılarda olduğu gibi Werner-tipi konak yapıların da özellikle aromatik molekülleri ayırmada sabit fazlar olarak kullanıldıkları bilinmektedir. Örneğin piridin ve türevleriyle oluşturulan Werner-tipi konak yapılar sabit fazlar olarak kullanılarak karışım halindeki aromatik hidrokarbonların ayrılması mümkün olabilmektedir [102, 103].

Werner-tipi yapıların ayırma yetenekleri ile ilgili dikkate değer çalışmalar Schaeffer ve çalışma grubu ile Radzitzky ve Hanotier tarafından yapılmıştır [104]. Bunlar $[M(X)_2(\text{py veya türevleri})_4]$ , M: $Ni^{2+}$, $Co^{2+}$, $Fe^{2+}$, $Mn^{2+}$ veya $Cu^{2+}$; X: $NCS^-$, $NCO^-$,$Cl^-$, $Br^-$ veya $NO_2^-$, ve $[Ni(NCS)_2(\alpha\text{-arilallkilamin})_4]$ komplekslerinin çeşitli organik moleküllere seçici olduklarını keşfetmişlerdir. Bu sayede çeşitli organik izomer karışımlarının ayrılması bu tip konak yapılarla gerçekleştirilmektedir. Örneğin orto-, meta-, ve para- disübstitüe benzen türevleri ve $\alpha$- ve $\beta$-sübstitüe naftalinler ancak uygun Werner-tipi konak yapılarla ayrılabilmektedir.

Moleküler değişim prosesinin tabiatı ve spesifik türün seçiciliğinden dolayı klatrat kromotografisi kromotografinin özel bir çeşidi olarak bilinmekte, fakat bilinen kromotografik dallardan farklı bir şekilde sınıflandırılmamaktadır. Bu tür yapıların kromotografideki bu ayrıcalığının yanında düşük termik kararlılığa sahip olmaları, birçoğunun inklüzyon özellik göstermemesi bu alandaki uygulamalarını kısıtlamaktadır [104]. Bu yüzden inklüzyon özelliği gösteren ve termik kararlılığı yüksek Werner-tipi konak yapılar sentezlenirse bu alandaki kullanımı artacaktır.

# V. Materyal ve Metot

## 5.1. Materyal

Bölüm 2.1'de de ifade edildiği gibi komplekslerin hazırlanmasında, Merck marka $DEAH_2$, $TEAH_3$, metal tuzları ve çözücüler kullanılmıştır.

## 5.2. Komplekslerin Genel Hazırlanışı

10 mmol metal tuzunun ($CoSO_4.6H_2O$, $NiSO_4.6H_2O$, $CuSO_4.5H_2O$ ve $ZnSO_4.7H_2O$) bulunduğu 20 mL'lik sulu çözeltiye karıştırarak yavaş yavaş 1,94 g (20 mmol) katı KSCN ilave edildi. Hazırlanan bu KSCN-metal sülfat çözeltisine 2,98 g (20 mmol) $DEAH_2$ veya $TEAH_3$ 'ün 30 mL sudaki çözeltisi yavaş yavaş eklendi. Ele geçen çözelti oda sıcaklığında yaklaşık olarak iki saat karıştırıldı. Oluşan polikristal katı süzüldü ve kalan çözelti oda sıcaklığında tek kristal elde etmek amacı ile buharlaşmaya bırakıldı. Daha sonra metal kompleks kristalleri su ve etanolde yıkanarak süzgeç kağıdında toplanıp, havada kurumaya bırakıldı.
Komplekslerin değişik metal-ligant ($DEAH_2$, TEAH3, NCS) oranlarında genel oluşum reaksiyonları aşağıdaki şekilde verilebilir.

**1.** Metal sülfat-ligant oranı ($CoSO_4.6H_2O$ veya $CuSO_4.5H_2O$ – DEAH – NCS) 2:2:2

$2MSO_4.xH_2O + 2NH(CH_2CH_2OH)(CH_2CH_2O)^- + 2KSCN \rightarrow$
$[M_2(DEAH)_2(NCS)_2] + K_2SO_4 + xH_2O$

**2.** Metal sülfat-ligant oranı ($NiSO_4.6H_2O$ veya $ZnSO_4.7H_2O$ – $DEAH_2$ – NCS) 1:2:2

$MSO_4.xH_2O + 2NH(CH_2CH_2OH)_2 + 2KSCN \rightarrow [M(DEAH_2)_2(NCS)_2]+$
$K_2SO_4 + xH_2O$

**3.** Metal sülfat-ligant oranı ($NiSO_4.6H_2O$ – $TEAH_3$ – NCS) 1:1:2

$MSO_4.xH_2O + N(CH_2CH_2OH)_3 + 2KSCN \rightarrow [M(TEAH_3)(NCS)]SCN + K_2SO_4 + xH_2O$

**4.** Metal sülfat-ligant oranı ($CoSO_4.6H_2O$, $CuSO_4.5H_2O$, $ZnSO_4.7H_2O$-$TEAH_2$-NCS) 1:1:1

$MSO_4.xH_2O + N(CH_2CH_2OH)_3 + 2KSCN \rightarrow [M(TEAH_2)(NCS)] + K_2SO_4 + xH_2O$

## 5.3. Kullanılan Cihazlar

Hazırlanan Werner-tipine benzer komplekslerin yapıları; elementel analiz, IR ve UV/Vis spektrumu, manyetik duyarlılık ölçümü, tek kristal X-ışınları ve termik analiz çalışması Bölüm 2.3'de anlatılan cihazlar ve bu cihazların kullanımındaki şartlar yerine getirilerek aydınlatılmaya çalışılmıştır.

# VI. Bulgular ve Tartışma

## 6.1. Elementel Analiz

Tablo 6.1'de Werner-tipi yapılara benzer $DEAH_2$ ve $TEAH_3$ komplekslerinin renkleri, erime noktaları, molekül ağırlıkları, elementel analiz sonuçları ve yüzde verimleri verilmiştir. Bu komplekslerden birçoğunun kristalleri elde edildiğinden teorik ve deneysel C, H, N ve S değerleri son derece birbirine yakın olarak bulunmuştur. Elementel analiz sonuçları dikkate alındığında metal-etanolamin oranı Co(II) ve Cu(II)-DEAH komplekslerinde 2:2, Ni(II) ve Zn(II)-$DEAH_2$ komplekslerinde 1:2 ve Co(II), Ni(II), Cu(II) ve Zn(II)-$TEAH_3$ komplekslerinde 1:1 olarak bulunur. Ayrıca bulunan bu metal-ligant oranları hem TA teknikleri ile hem de bazı komplekslerin X-ışınları tek kristal çalışmaları yapılarak doğrulanmıştır.

Elde edilen sonuçlara göre Co(II) ve Cu(II)-DEAH kompleksleri dimerik (a), Ni(II)- ve Zn(II)-$DEAH_2$ kompleksleri oktahedral (b), Co(II), Cu(II) ve Zn(II)-$TEAH_2$ kompleksleri tetrahedral (c) ve $TEAH_3$ 'ün nötral olarak davrandığı Ni(II)-$TEAH_3$ kompleksinin de tetrahedral (d) olduğu anlaşılmaktadır. Bu kompleksler için önerilen yapılar Şekil 6.1'de gösterilmektedir.

Nem çekici özelliği bulunmayan ve havada oldukça kararlı olan bu kompleksler genelde yüksek verimlerde elde edilmişlerdir. DTA tekniği kullanılarak, bu yapılardan Zn(II)-$DEAH_2$ ve Co(II)-$TEAH_2$ kompleksleri hariç diğerlerinin bir erime noktasının olduğu belirlenmiştir. Ayrıca koordine veya örgü suyu içermeyen bu komplekslerden dimerik olanlar metanol ve asetonda diğerleri ise su ve etanolde daha iyi çözünmektedirler.

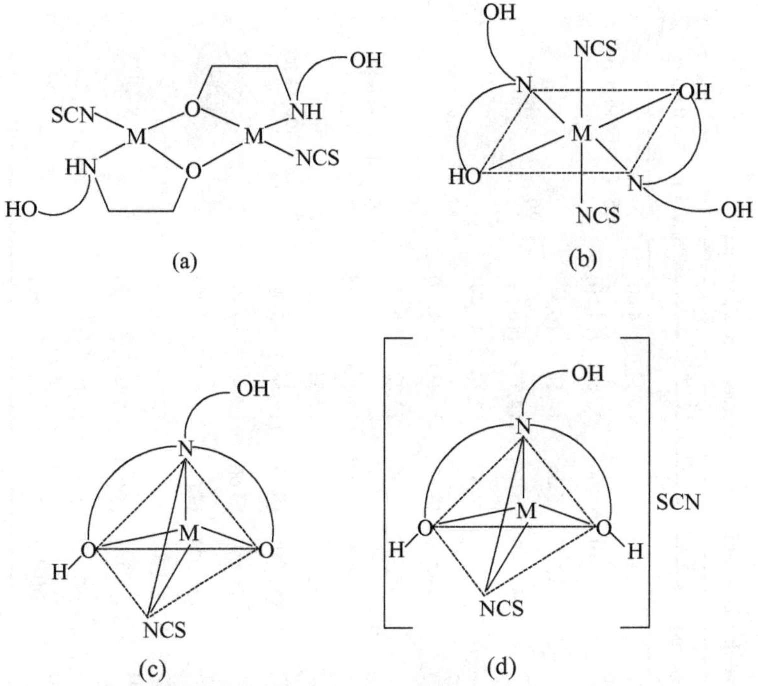


**Şekil 6.1.** Werner-tipi di- ve trietanolaminli dimerik dört koordinasyonlu karedüzlem, altı koordınasyonlu oktahedral ve dört koordinasyonlu tetrahedral yapılar

**Tablo 6.1.** Werner-tipi di- ve trietanolamin komplekslerinin elementel analiz sonuçları

| Kompleks | M.A. (g/mol) | Erime noktası | % Deneysel (Teorik) | | | | % Verim | Renk |
|---|---|---|---|---|---|---|---|---|
| | | | C | H | N | S | | |
| $[Co_2(DEAH)_2(NCS)_2]$ $C_{10}H_{20}N_4O_4S_2Co_2$ | 442,28 | 226 | 26,95 (27,16) | 4,41 (4,56) | 12,37 (12,67) | 14,60 (14,50) | 65 | koyu mavi |
| $[Ni(DEAH_2)_2(NCS)_2]$ $C_{10}H_{22}N_4O_4S_2Ni$ | 385,12 | 204 | 31,08 (31,19) | 5,65 (5,76) | 14,56 (14,55) | 16,36 (16,65) | 70 | mavi |
| $[Cu_2(DEAH)_2(NCS)_2]$ $C_{10}H_{20}N_4O_4S_2Cu_2$ | 451,51 | 137 | 26,52 (26,60) | 4,37 (4,46) | 12,36 (12,41) | 14,44 (14,20) | 74 | koyu yeşil |
| $[Zn(DEAH_2)_2(NCS)_2]$ $C_{10}H_{22}N_4O_4S_2Zn$ | 391,81 | 122[a] | 30,42 (30,66) | 5,56 (5,66) | 14,23 (14,30) | 16,18 (16,37) | 60 | beyaz |
| $[Co(TEAH_2)(NCS)]$ $C_7H_{14}N_2O_3SCo$ | 265,19 | 232[a] | 31,55 (31,70) | 5,25 (5,32) | 10,53 (10,56) | 12,31 (12,09) | 81 | menekşe |
| $[Ni(TEAH_3)(NCS)]SCN$ $C_8H_{15}N_3O_3S_2Ni$ | 324,04 | 248 | 29,69 (29,65) | 4,66 (4,67) | 12,58 (12,97) | 19,49 (19,79) | 79 | mavi |
| $[Cu(TEAH_2)(NCS)]$ $C_7H_{14}N_2O_3SCu$ | 269,81 | 160 | 31,20 (31,16) | 5,29 (5,23) | 10,37 (10,38) | 11,36 (11,88) | 85 | yeşil |
| $[Zn(TEAH_2)(NCS)]$ $C_7H_{14}N_2O_3SZn$ | 271,64 | 220 | 30,99 (30,95) | 5,14 (5,19) | 10,19 (10,31) | 11,85 (11,80) | 62 | beyaz |

Bu komplekslerin IUPAC (Uluslar arası Temel ve Uygulamalı Kimya Birliği) tarafından belirtilen kurallara göre yazılan adları Tablo 6.2'de verilmiştir.

**Tablo 6.2.** Werner-tipi di- ve trietanolamin komplekslerinin IUPAC adlandırması

| Kompleks | Adı |
|---|---|
| $[Co_2(DEAH)_2(NCS)_2]$ | Bis(μ - dietanolaminato)bis(izotiyosiyanato)dikobalt(II) |
| $[Ni(DEAH_2)_2(NCS)_2]$ | *trans* – bis(dietanolamin)bis(izotiyosiyanato)nikel(II) |
| $[Cu_2(DEAH)_2(NCS)_2]$ | Bis(μ - dietanolaminato)bis(izotiyosiyanato)dibakır(II) |
| $[Zn(DEAH_2)_2(NCS)_2]$ | *trans* – bis(dietanolamin)bis(izotiyosiyanato)çinko(II) |
| $[Co(TEAH_2)(NCS)]$ | İzotiyosiyanatotrietanolaminatokobalt(II) |
| $[Ni(TEAH_3)(NCS)]SCN$ | İzotiyosiyanatotrietanolaminnikel(II)tiyosiyanat |
| $[Cu(TEAH_2)(NCS)]$ | İzotiyosiyanatotrietanolaminatobakır(II) |
| $[Zn(TEAH_2)(NCS)]$ | İzotiyosiyanatotrietanolaminatoçinko(II) |

## 6.2. Manyetik Moment Ölçümleri

Komplekslerin manyetik ölçümleri Bölüm 2'de anlatıldığı gibi yapılarak deneysel ve teorik manyetik momentler Bohr Magnetonu(BM) cinsinden hesaplandı. Bulunan değerler Tablo 6.3'de verilmiştir.

**Tablo 6.3** . Werner-tipi di- ve trietanolamin komplekslerinin manyetik momentleri

| Kompleks | d $e^-$ sayısı | n | $\mu = \sqrt{n(n+2)}$ (BM) | Deneysel μ (BM) |
|---|---|---|---|---|
| $[Co_2(DEAH)_2(NCS)_2]$ | $d^7$ | 2 | 2,83 | 4,16 |
| $[Ni(DEAH_2)_2(NCS)_2]$ | $d^8$ | 2 | 2,83 | 2,93 |
| $[Cu_2(DEAH)_2(NCS)_2]$ | $d^9$ | 2 | 2,83 | 1,94 |
| $[Zn(DEAH_2)_2(NCS)_2]$ | $d^{10}$ | 0 | 0 | diyamanyetik |
| $[Co(TEAH_2)(NCS)]$ | $d^7$ | 3 | 3,87 | 3,81 |
| $[Ni(TEAH_3)(NCS)]SCN$ | $d^6$ | 2 | 2,83 | 2,71 |
| $[Cu(TEAH_2)(NCS)]$ | $d^8$ | 1 | 1,73 | 1.87 |
| $[Zn(TEAH_2)(NCS)]$ | $d^{10}$ | 0 | 0 | diyamanyetik |

n: tek elektron sayısı

Manyetik ölçüm değerlerinden, Zn(II)–$DEAH_2$ ve $TEAH_3$ komplekslerinin beklendiği gibi diamanyetik, Co(II), Ni(II) ve Cu(II)–$DEAH_2$ ve $TEAH_3$ komplekslerinin paramanyetik ve yüksek spin kompleksleri olduğu belirlendi. Tablo 6.3'e bakıldığında Co(II) ve Cu(II)-$DEAH_2$ komplekslerinin deneysel ve teorik manyetik moment değerleri arasında belirgin bir farklılığın olduğu görülürken, diğer komplekslerin deneysel ve teorik manyetik ölçüm değerlerinin birbirlerine oldukça yakın olduğu görülmektedir.

Çift oksijen köprüleriyle dimerik bir yapı oluşturan Cu(II)-$DEAH_2$ kompleksinin deneysel manyetik moment değerlerinin beklenenden daha küçük çıkmasını, benzer yapılarla ilgili daha önceden de rapor edildiği gibi [43,105], yapısal farklılıkla açıklamak mümkündür. Bu dimerik yapıya benzer fakat tiyosiyanatla dimerler arasında köprü oluşturan Cu(II)-MEAH kompleksinde, tiyosiyanatın spin çiftlenimine önemsiz denecek kadar az katkısının olduğu, bununla birlikte antiferromanyetik özelliğe daha çok oksijen köprülü grupların neden olduğu literatürde geçmektedir [41]. Başka bir NCS köprülü dimerik Cu(II) kompleksinde de antiferromanyetikliğin, Cu(II) iyonlarının manyetik orbitallerinin hiçbiri köprülü ligantların orbitalleri ile çakışmadığı, bu nedenle manyetik merkezler arasında değiş-tokuş parametrelerinin çok düşük bir değere sahip olması sonucu meydana geldiği ifade edilmektedir [106]. Ayrıca Çeşitli kaynaklarda köprülü Cu(II) komplekslerinin manyetik ölçümlerinin *aşırı değişimden* (elektron değiş-tokuşu, super-exchange,) dolayı beklenenden farklı çıktığı ifade edilmektedir [105, 107, 108]. Yani iki paramanyetik merkezin ligant olan atom veya atom gruplarının araya girmesiyle iki metal arası uzaklığın büyümesine paralel metalin dalga fonksiyonlarının çakışması engellenmektedir. Bu durumda metal iyonları arasında elektron değiş-tokuşu ligantların oluşturduğu köprü tarafından sağlanır ki bu aşırı değişim etkileşimine dolayısıyla antiferromanyetikliğe neden olur.

Hem elementel analiz hem de termik analiz sonuçlarından dimerik yapıda olduğu anlaşılan Co(II)-DEAH$_2$ kompleksinin manyetik moment değerinin Cu(II)-DEAH$_2$ kompleksinin aksine beklenenden daha büyük olduğu görüldü. Koordinasyon bileşiklerinde manyetik moment, spin ve orbital momentlerinin katkılarıyla oluşur. Birçok komplekste ligant alan, orbital katkısını bastırdığından dolayı manyetik moment sadece elektron spini tarafından belirlenir [1]. Dimerik ya da polimerik yapılarda ligant alanının zayıflamasından dolayı bu tür yapıların manyetik moment değerlerine orbital katkısının da olduğu bilinmektedir. Bu nedenle Co(II)-$DEAH_2$ kompleksinin manyetik moment değeri beklenenden daha büyük çıkmış olabilir. Ayrıca Co(II)-$DEAH_2$ kompleksinde köprü oluşumunu sağlayan ligantların aşırı değişim etkileşimine neden olmaması, Co(II)-$DEAH_2$ kompleksinde Co iyonları arasındaki uzaklığın Cu(II)-$DEAH_2$ kompleksindeki Cu iyonları arası uzaklıktan daha büyük olmasına bağlanabilir. Ya da Fe, Co, Ni ve Gd gibi çok az elementte gözlenen ferromanyetiklik, yani bir kristalde atom manyetik momentlerin dış bir alan bulunmadan da paralel bir şekilde dizilerek manyetik duyarlılıklarının çok büyümesi, Co(II)-$DEAH_2$ kompleksinde de meydana gelebilir.

## 6.3. UV-Vis Çalışmaları

Werner-tipi yapılara benzer $DEAH_2$ ve $TEAH_3$ komplekslerinin kaydedilen UV-Vis spektrumlarına ait elektronik geçişlerin yorumlanması amacıyla ligant olarak kullanılan $DEAH_2$ ve $TEAH_3$ 'ün de UV-Vis spektrumları da kaydedildi. Renksiz olan bu ligantlar görünür bölgede absorpsiyon yapmadıklarından Şekil 6.2 ve Şekil 6.3'de verilen spektrumlardan bu bölgede hiçbir pikin olmadığı, sadece $DEAH_2$'de 254 ve $TEAH_3$'de 214 nm'de $n \rightarrow \sigma^*$ geçişine ait bir absorpsiyon pikinin olduğu görülmektedir.

Werner-tipine benzer Co(II), Ni(II) ve Cu(II)–$DEAH_2$ ve $TEAH_3$ komplekslerine ait absorpsiyon spektrumlarına bakıldığında, kompleks geometrisi ile ilişkili olan [109] görünür bölgede *d-d* geçişlerine ait absorpsiyon piklerinin ortaya çıktığı görülür. Aynı molar derişimde çözeltileri hazırlanarak alınan komplekslerin UV-Vis spektrumlarına ait absorpsiyon pik şiddetinin tetrahedral yapılarda diğer yapılara göre daha yüksek olduğu tespit edildi. Fakat aynı derişimlerde çözeltileri hazırlanarak spektrumları alınan bütün komplekslerin absorpsiyon pik şiddetinin hemen

hemen aynı olması beklenir. Bu farklılık simetri merkezi olmayan tetrahedral yapılarda Laporte yasaklanmasının olmaması yani titreşim hareketleri nedeniyle molekül simetrisinde ortaya çıkabilen bir bozulmanın olmamasıyla izah edilebilir [3]. Komplekslerin UV-Vis spektrumlarından yararlanılarak aşağıda her bir komplekse ait elektronik geçişler izah edilmeye çalışıldı.

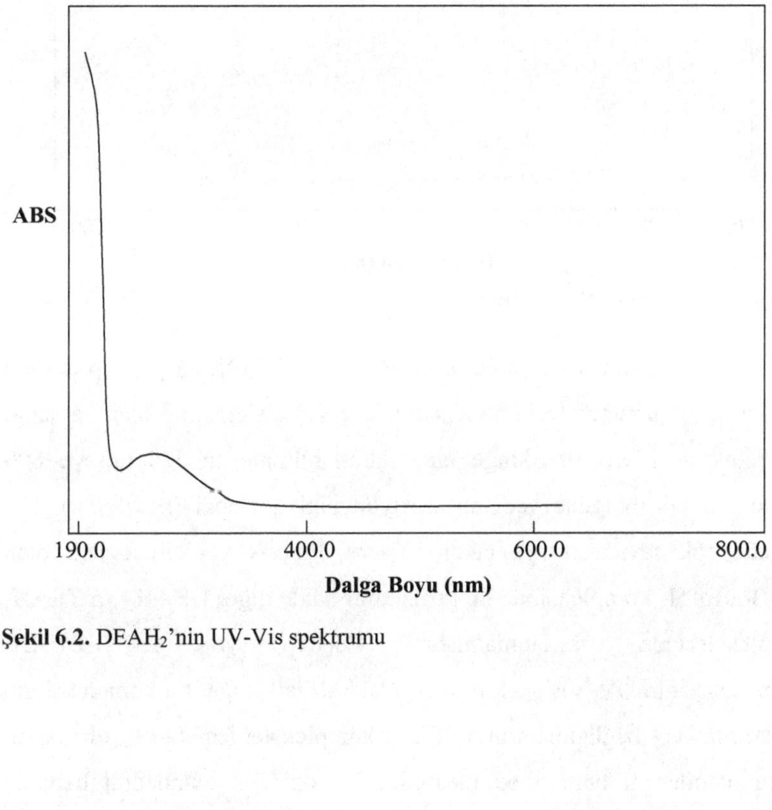


**Şekil 6.2.** $DEAH_2$'nin UV-Vis spektrumu

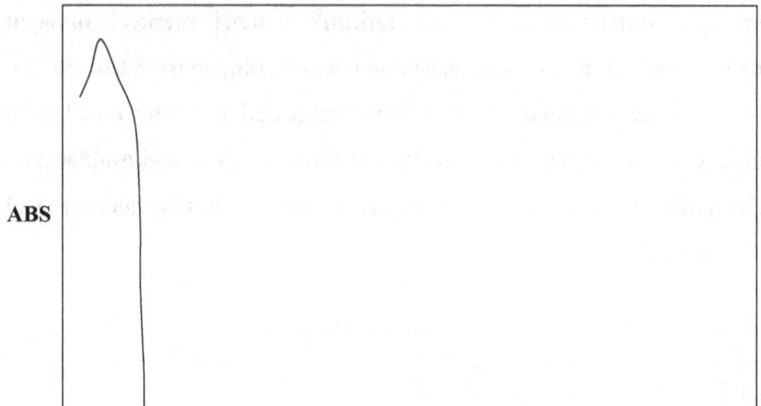


**Şekil 6.3.** $TEAH_3$'nin UV-Vis spektrumu

Dimerik, $d^7$ yapısında ve karedüzlem $[Co_2(DEAH)_2(NCS)_2]$ kompleksinin UV-Vis spektrumunda biri omuz şeklinde *d-d* geçişlerine ait olan ve hangi elektronik geçişlere ait olduğu tam olarak bilinmeyen 520 nm ve 600 nm'de iki, UV bölgede yedi absorpsiyon piki gözlendi (Şekil 6.4). UV bölgede çok sayıda ortaya çıkan piklere dimerik ve karedüzlem olan Cu(II)-$DEAH_2$ kompleksinde de rastlandığı halde diğer $DEAH_2$ ve $TEAH_3$ komplekslerinde rastlanmamıştır. Co(II)- ve Cu(II)-$DEAH_2$ komplekslerinin UV-Vis spektrumlarındaki bu farklılığa, bu komplekslerin yapılarının ve bağlanmalarının diğer komplekslerden farklı olmasının neden olabileceği tahmin edilmektedir. Ya da hem oktahedral hem de tetrahedral yapılardan farklı bir molekül orbital diyagramına sahip olan karedüzlem yapılarda, molekül orbitalleri arası farklı enerjili geçişlerin UV bölgede çok sayıda absorpsiyon pikinin ortaya çıkmasına neden olabilir.

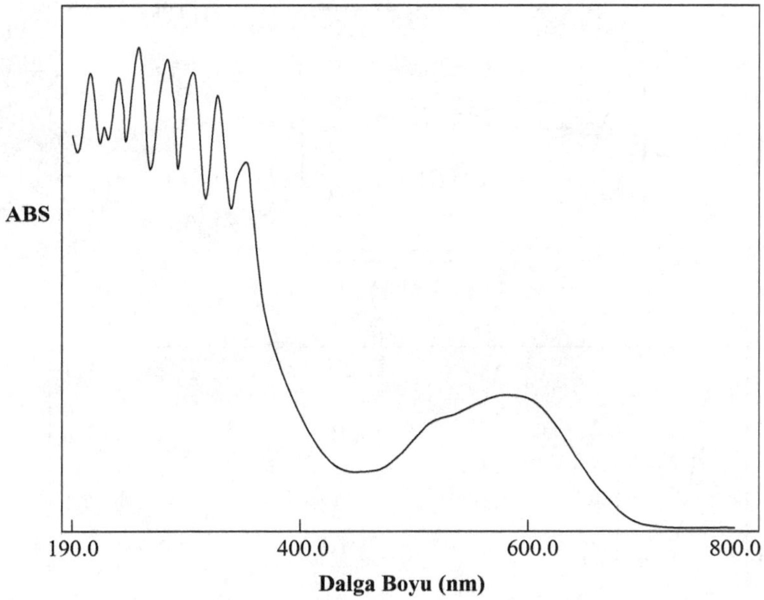


**Şekil 6.4.** Werner-tipi Co(II)-DEAH'ın UV-Vis spektrumu

Şekil 6.5'de oktahedral $d^8$ yapısına ait Orgel diyagramı ve oktahedral geometrideki [$Ni(DEAH_2)_2(NCS)_2$] kompleksinin UV-Vis spektrumu verilmiştir. Bu spektrumdan da görüldüğü gibi Ni(II)-$DEAH_2$ kompleksinde 383, 627 ve 741 nm'de üç absorpsiyon pikine rastlanmıştır. Bu absorpsiyonların $d^8$ yapısına ait Orgel diyagramından da görüldüğü gibi sırasıyla $^3A_{2g}(F) \rightarrow {}^3T_{1g}(P)$, $^3A_{2g}(F) \rightarrow {}^3T_{1g}(F)$ ve $^3A_{2g}(F) \rightarrow {}^3T_{2g}(F)$ elektronik geçişlere ait olduğu tahmin edilmektedir. Şekil 6.5'de 741 nm'deki absorpsiyonun daha belirgin olarak gösterilmesi amacıyla görünür bölgeye ait absorpsiyon pikleri büyültülerek çizilip, tekrar verilmiştir. Benzer durum Co(II)-$TEAH_2$, Ni(II)-$TEAH_3$ ve Cu(II)-$TEAH_2$ kompleksleri için de yapılmıştır.

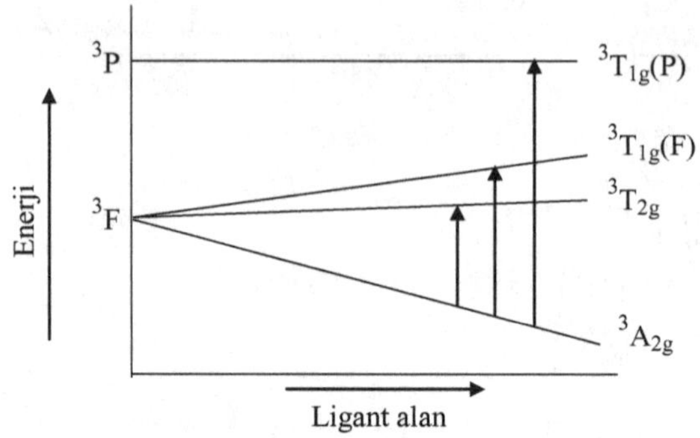


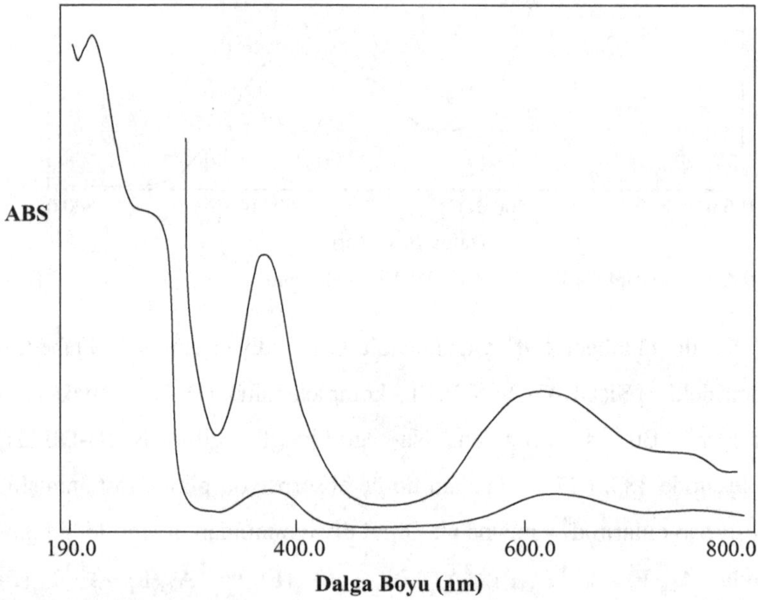


**Şekil 6.5.** $d^8$ yapısına ait Orgel diyagramı ve Werner-tipi Ni(II)-$DEAH_2$'nin UV-Vis spektrumu

Karedüzlem ve $d^9$ yapısında olan $[Cu_2(DEAH)_2(NCS)_2]$ kompleksine ait absorpsiyon spektrumunda (Şekil 6.6) görünür bölgede 684 nm'de *d-d* geçişine ait bir absorpsiyon piki, UV bölgede ise sekiz absorpsiyon pikine rastlanmıştır. Görünür bölgede $d^9$ yapısında beklendiği gibi sadece bir elektronik geçiş gözlenirken UV bölgede beklenenden daha fazla sayıda absorpsiyon pikinin ortaya çıkması bu kompleksin yapısal olarak farklı olmasına bağlanabilir.

Şekil 6.7'de verilen, tetrahedral ve $d^7$ yapısındaki [Co(TEAH$_2$)(NCS)] kompleksinin UV-Vis spektrumunda görünür bölgede 410 nm'deki omuz şeklinde olmak üzere, 532 ve 746 nm'de üç pik gözlenmiştir. Şekil 6.8'deki oktahedral ve tetrahedral $Co^{2+}$ iyonu için hazırlanan Orgel diyagramından da görüldüğü gibi, $d^7$ düzenindeki tetrahedral komplekslerde muhtemel *d-d* geçişleri $^4A_2(F) \rightarrow {}^4T_2(F)$, $^4A_2(F) \rightarrow {}^4T_1(F)$ ve $^4A_2(F) \rightarrow {}^4T_1(P)$ olmak üzere toplam üç tanedir. Co(II)-TEAH$_3$ kompleksinde gözlenen 410 nm'deki absorbansın $^4A_2(F) \rightarrow {}^4T_1(P)$ 'ye, 539 nm'deki absorbansın $^4A_2(F) \rightarrow {}^4T_1(F)$ ve 751 nm 'deki absorbansın da $^4A_2(F) \rightarrow {}^4T_2(F)$ geçişine karşılık geldiği tahmin edilmektedir.

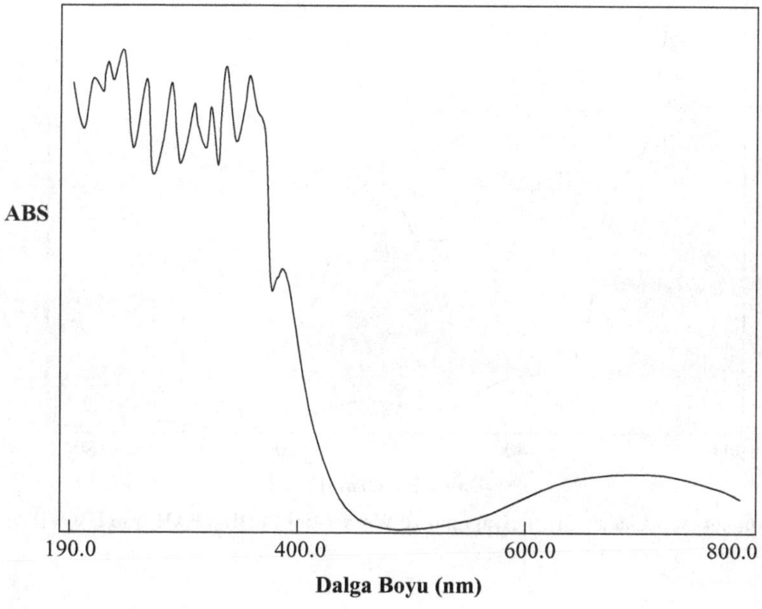


**Şekil 6.6.** Werner-tipi Cu(II)-DEAH'ın UV-Vis spektrumu

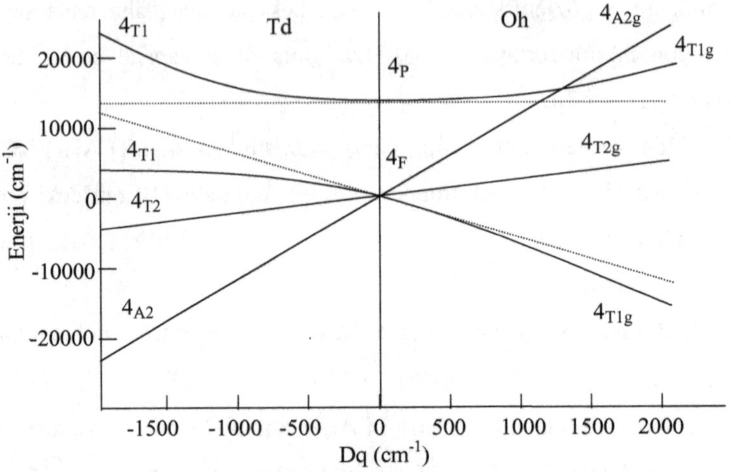


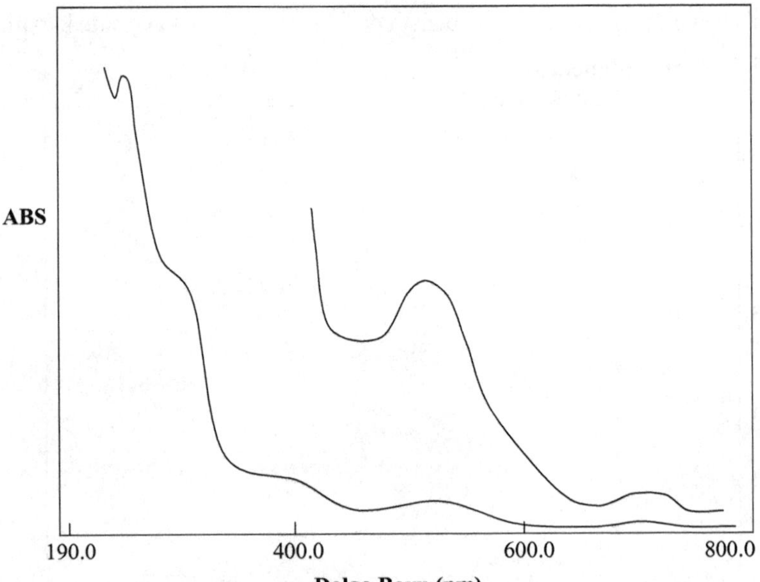


**Şekil 6.7.** $d^7$ yapısına ait Orgel diyagramı ve Werner-tipi Co(II)-$TEAH_2$'nin UV-Vis spektrumu

Tetrahedral ve $d^8$ yapısındaki [Ni(TEA)(NCS)]SCN kompleksi Şekil 6.8'de de görüldüğü gibi üç absorpsiyon piki vermektedir. Aynı şekildeki Orgel diyagramından; 393 nm'deki pikin $^3T_1 \rightarrow {}^3A_2(F)$, 648 nm 'deki pikin $^3T_1 \rightarrow {}^3T_1(P)$ ve 753 nm'deki pikin de $^3T_1 \rightarrow {}^3T_2$ geçişine ait olduğu düşünülmektedir.

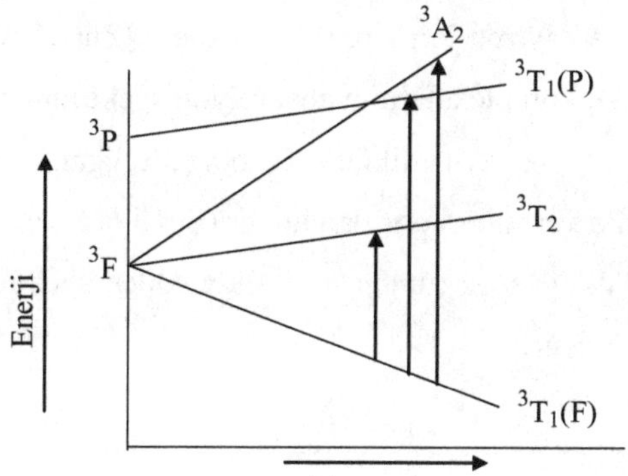


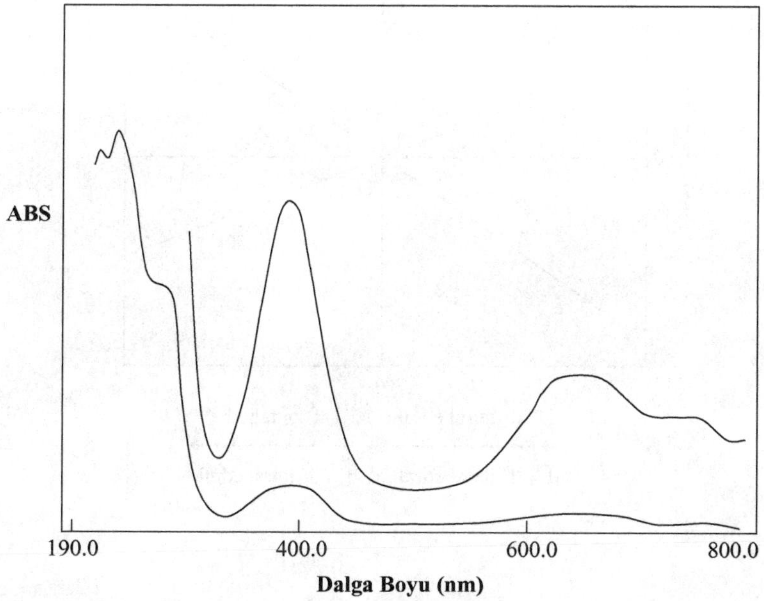


**Şekil 6.8.** $d^8$ yapısına ait Orgel diyagramı ve Werner-tıpı Ni(II)-TEAH$_3$ 'nin UV-Vis spektrumu

Şekil 6.9'da verilen, $d^9$ yapısında ve tetrahedral [Cu(TEAH$_2$)(NCS)] kompleksinin görünür bölgede 752 nm'de bir pik gözlenmiştir. Şekil 6.11'deki Orgel diyagramından da görüldüğü gibi $d^9$ yapısında $^2T_2 \rightarrow {}^2E$ geçişi sözkonusudur. 752 nm'deki pikin bu geçişe ait olduğu tahmin edilmektedir.

$d^{10}$ yapısında ve çözeltileri renksiz olan [Zn(DEA)$_2$(NCS)$_2$] ve [Zn(TEAH$_2$)(NCS)] komplekslerinin absorpiyon spektrumlarından bunların görünür bölgede hiç pik vermedikleri UV bölgede liganta ait olan şiddetli bir absorpsiyon piki verdikleri görülmektedir (Şekil 6.10, 6.11).

Komplekslerin UV-Vis spektrumlarından elde edilen spektroskopik veriler Tablo 6.4'de verilmiştir.

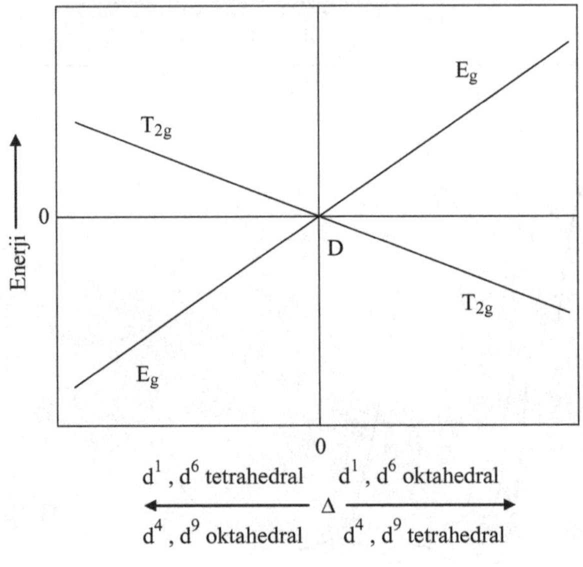

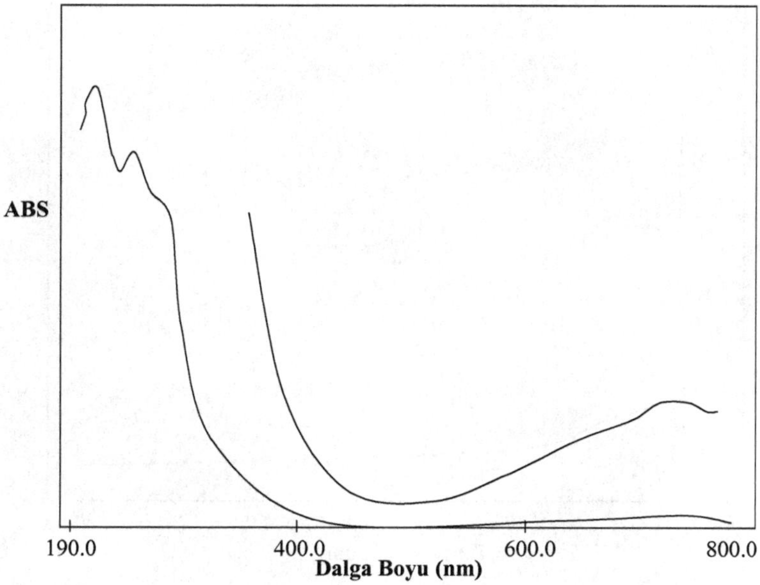


**Şekil 6.9.** $d^9$ yapısına ait Orgel diyagramı ve Werner-tipi Cu(II)-$TEAH_2$'nin UV-Vis spektrumu

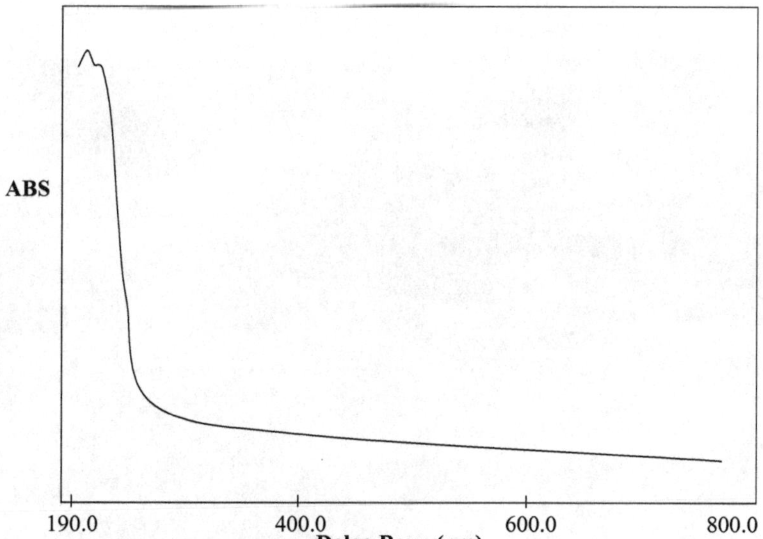


**Şekil 6.10.** Werner-tipi (II)-$DEAH_2$'nin UV-Vis spektrumu

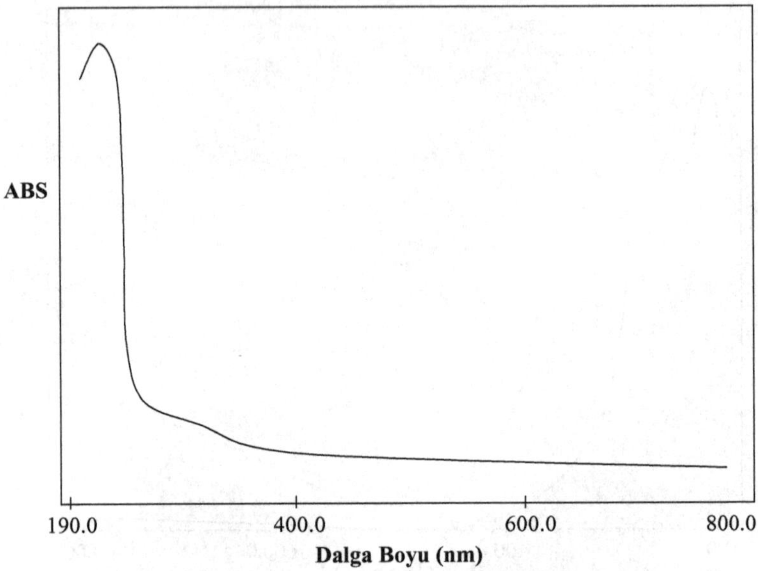


**Şekil 6.11.** Werner-tipi Zn(II)-$TEAH_2$'nin UV-Vis spektrumu

**Tablo 6.4.** Werner-tipi di- ve trietanolamin komplekslerine ait elektronik geçişler

| Kompleks | Elektronik düzen | $\lambda_{maks.}$ (nm) | | Elektronik geçişler |
|---|---|---|---|---|
| | | Ligant | d–d | |
| $[Co_2(DEAH)_2(NCS)_2]$ | $d^7$ | 219 245 264 285 314 332 360 | 520 600 | – |
| $[Ni(DEAH_2)_2(NCS)_2]$ | $d^8$ | 226 | 383 627 741 | $^3A_{2g} \rightarrow {}^3T_{1g}(P)$ |
| | | | | $^3A_{2g} \rightarrow {}^3T_{1g}$ |
| | | | | $^3A_{2g} \rightarrow {}^3T_{2g}$ |
| $[Cu_2(DEAH)_2(NCS)_2]$ | $d^9$ | 250 269 290 310 325 343 359 384 | 684 | – |
| $[Zn(DEAH_2)_2(NCS)_2]$ | $d^{10}$ | 217 | | – |
| $[Co(TEAH_2)(NCS)]$ | $d^7$ | 239 | 410 532 746 | $^4A_2 \rightarrow {}^4T_1(P)$ |
| | | | | $^4A_2 \rightarrow {}^4T_1$ |
| | | | | $^4A_2 \rightarrow {}^4T_2$ |
| $[Ni(TEAH_3)(NCS)]SCN$ | $d^8$ | 228 | 393 648 753 | $^3T_1 \rightarrow {}^3A_2(F)$ |
| | | | | $^3T_1 \rightarrow {}^3T_1(P)$ |
| | | | | $^3T_1 \rightarrow {}^3T_2$ |
| $[Cu(TEAH_2)(NCS)]$ | $d^9$ | 226 256 | 752 | $^2T_2 \rightarrow {}^2E$ |
| $[Zn(TEAH_2)(NCS)]$ | $d^{10}$ | 209 | | – |

## 6.4. İnfrared (IR) Çalışmaları

İlk kez sentezlenen Werner-tipine benzer $DEAH_2$ ve $TEAH_3$ komplekslerinin IR spektrumları incelenerek karakteristik absorpsiyon pikleri belirlendi ve komplekslerin yapıları ile spektrumlar arasında ilişki kurulmaya çalışıldı. Kullanılan ligantların IR spektrumları ve önemli titreşim frekans değerleri bu çalışmanın birinci kısmında verilmiştir.

Werner-tipi Mn(II), Fe(II), Co(II) ve Ni(II)-py komplekslerinin IR ve Raman spektrumları detaylı olarak çalışılarak rapor edilmiştir [110]. $DEAH_2$ ve $TEAH_3$'li Werner-tipine benzer komplekslerin de IR spektrumları alınarak incelendi ve en önemli IR absorpsiyon değerleri Tablo 6.5'de özetlendi. Alınan sonuçlara göre komplekslerin IR spektrumlarının kendi aralarında bir benzerliğinin olduğu görüldü. Şekil 6.12–6.15'de $DEAH_2$–metal komplekslerinin IR spektrumları verilmiştir.

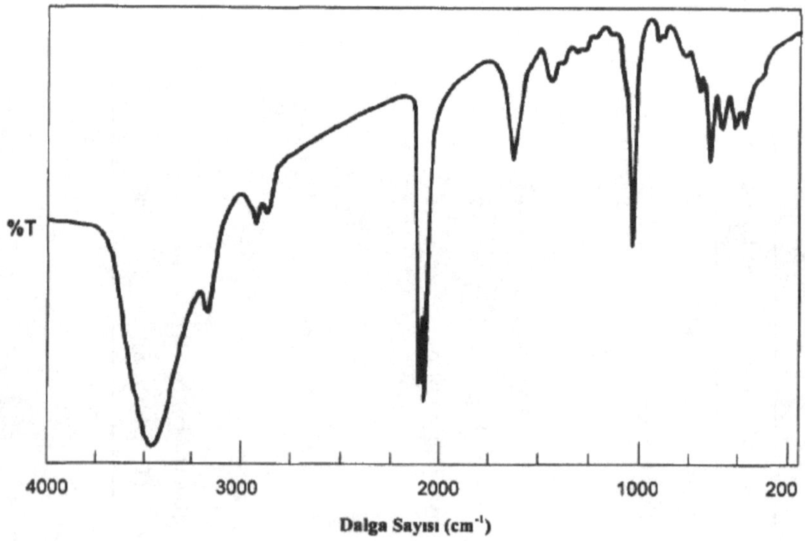


**Şekil 6.12.** Werner-tipi Co(II)-DEAH 'ın IR spektrumu

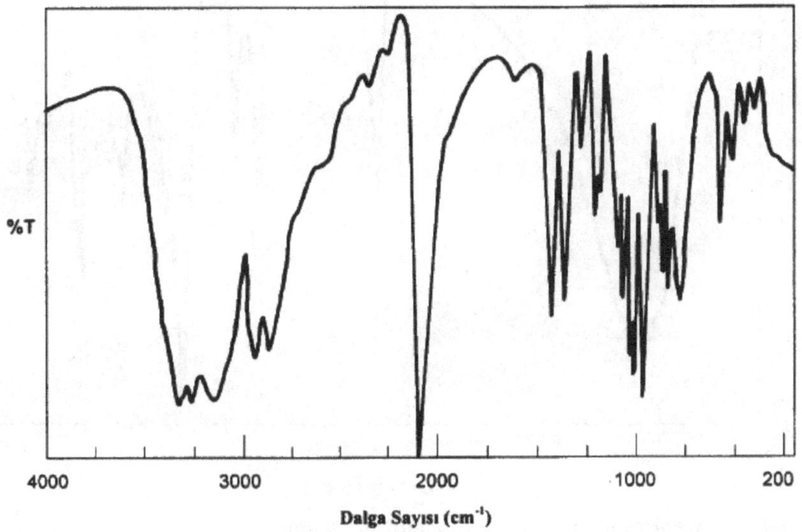


**Şekil 6.13.** Werner-tipi Ni(II)-DEAH$_2$ 'nin IR spektrumu

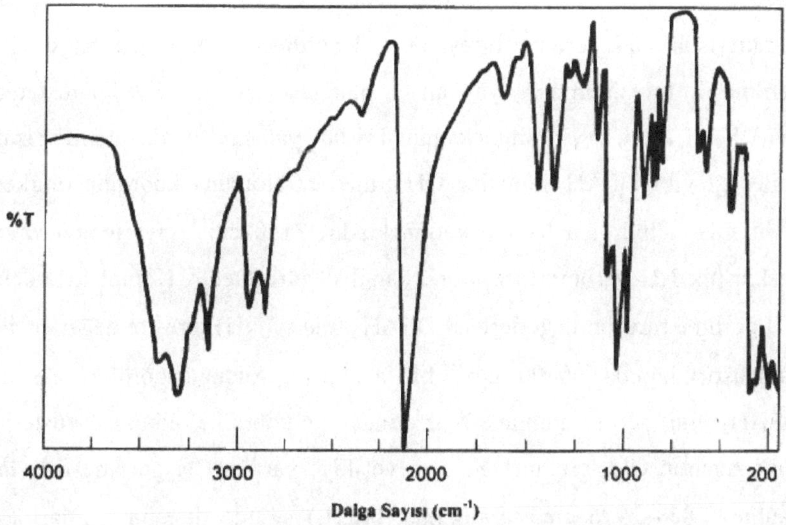


**Şekil 6.14.** Werner-tipi Cu(II)-DEAH 'ın IR spektrumu

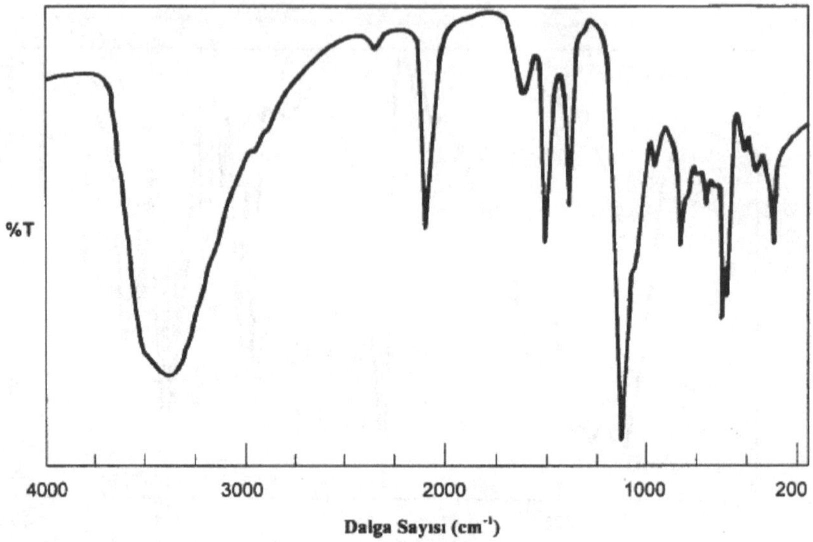


**Şekil 6.15.** Werner-tipi Zn(II)-$DEAH_2$ 'nin IR spektrumu

3320–3487 $cm^{-1}$ arasında görülen güçlü ve yayvan pik, liganta ait karakteristik OH gerilme titreşimidir. Koordine ve hidrojen bağlı OH gerilme titreşiminin yayvan olarak çıktığı bilinmektedir. $[Ni(DEAH_2)_2(NCS)_2]$ kompleksinin kristal yapısından da ileride izah edileceği gibi $DEAH_2$ 'nın bir OH'ı merkez atomuna koordine olurken diğer OH 'ı hidrojen bağına katılmaktadır. 3150 $cm^{-1}$ civarındaki zayıf keskin pik NH gerilme titreşimine karşılık gelmektedir. Komplekslerdeki NH gerilme titreşim değerleri saf $DEAH_2$ 'nin ν(NH) titreşim değerleri ile karşılaştırıldığında 60–90 $cm^{-1}$ bir azalmanın olduğu görülür. Bu da $DEAH_2$ 'nın merkez atomuna N üzerinden de koordine olduğunu gösterir. Yine ligantın $CH_2$ grubuna ait olan ve ikiye yarılan CH gerilme titreşim bantları 2868–2976 $cm^{-1}$ aralığında, $\delta(CH_2)$ eğilme titreşim bantları ise 1440–1465 $cm^{-1}$ bölgesinde kuvvetli ve keskin pikler olarak çıkmaktadır.

Ayrıca 400–550 $cm^{-1}$ bölgesindeki zayıf bantların da M-N ve M-O gerilme titreşimlerine ait olduğu bilinmektedir [83].

Bu kompleksler için en karakteristik olan pikler izotiyosiyanat ligantına ait ν(CN), ν(CS) gerilme ve δ(NCS) eğilme titreşimlerine karşılık gelen piklerdir. Serbest halde KSCN 'nin IR spektrumu alındığında 2045 $cm^{-1}$ 'de ν(CN) 'ye, 751 $cm^{-1}$'de ν(CS) 'ye ait keskin ve çok şiddetli gerilme ve 497 $cm^{-1}$ 'de de NCS grubuna ait yine keskin ve oldukça şiddetli eğilme pikleri ele geçmektedir. Komplekslerin IR spektrumlarından da ortalama 2100 $cm^{-1}$'de oldukça şiddetli CN gerilme titreşimine, 790–905 $cm^{-1}$ aralığında orta şiddette ν(CS)'ye ve ortalama 550 $cm^{-1}$'de δ(NCS)'ye ait pikler görülür. Tabloda 6.5'deki Δν değerlerinden CN gerilme titreşim frekansı değerlerinin kompleks oluşumundan sonra önemli oranda daha yüksek frekans değerlere kaydığı anlaşılmaktadır. CN ve CS grubuna ait titreşim frekanslarındaki bu değişme, bu tezin tek kristal X-ışın çalışmaları bölümünde verilen yapılardan da görüldüğü gibi, SCN'nin merkez atomuna N üzerinden koordine olmasıyla açıklanabilir. Bunun yanında SCN grubunun N üzerinden koordine olması halinde ν(CS) titreşim değerinin 860-780 $cm^{-1}$, S üzerinden koordine olması halinde 720-690 $cm^{-1}$ arasında ve δ(NCS) eğilme titreşiminin de her iki durumda sırasıyla 480 $cm^{-1}$ ve 420 $cm^{-1}$ olduğu rapor edilmiştir [85]. Bu değerler komplekslerdeki değerlerle karşılaştırılacak olursa SCN'nin merkez atomuna N üzerinden koordine olduğunu gösterir.

Diğer $DEAH_2$ komplekslerinde olmadığı halde, Co(II)-$DEAH_2$ kompleksinde CN gerilme titreşimi ikiye yarılmaktadır. Beklenmeyen bu durumun, uç NCS gruplarının kristal çevrelerinde ortaya çıkan farklılıktan dolayı meydana geldiği tahmin edilmektedir. Literatürde de Hofmann-tipi Ni(II) ve Zn(II)-*en* komplekslerine ait CN gerilme titreşimlerindeki yarılmaların, CN gruplarının kristal çevrelerinde meydana gelen farklılıktan kaynaklandığı rapor edilmiştir [27,28].

$TEAH_3$ komplekslerine ait IR spektrumları Şekil 6.16–6.19'da verilmiştir. Kompleksler için karakteristik olan $TEAH_3$'e ait OH gerilme titreşimi yaklaşık 3450 $cm^{-1}$'de, C-H gerilme titreşimi de ortalama 2975 ve 2900 $cm^{-1}$'de gelmektedir. Bu değerler serbest haldeki $TEAH_3$'ün titreşim frekanslarıyla karşılaştırıldığında daha yüksek olduğunu yani yüksek frekanslara bir kaymanın olduğunu gösterir. Bu kaymanın nedenini, $TEAH_3$'ün merkez atomuna OH'lar üzerinden de koordine olmasıyla açıklanmak mümkündür.

Bu komplekslerdeki SCN grubuna ait C-N gerilme titreşimi ortalama 2100 $cm^{-1}$'de çok şiddetli ve keskin bir pik olarak çıkmaktadır. Tablo 6.5'deki $\Delta\nu$(C-N) değerlerinden CN gerilme titreşiminin ortalama 55 $cm^{-1}$ daha yüksek frekanslara kaydığı anlaşılmaktadır. Bununla birlikte CS gerilme titreşiminin ortalama 900 $cm^{-1}$ ve NCS eğilme titreşiminin yaklaşık olarak 450 $cm^{-1}$ olması tetrahedral olan bu yapılarda da SCN grubunun N üzerinden koordinasyona katıldığını gösterir.

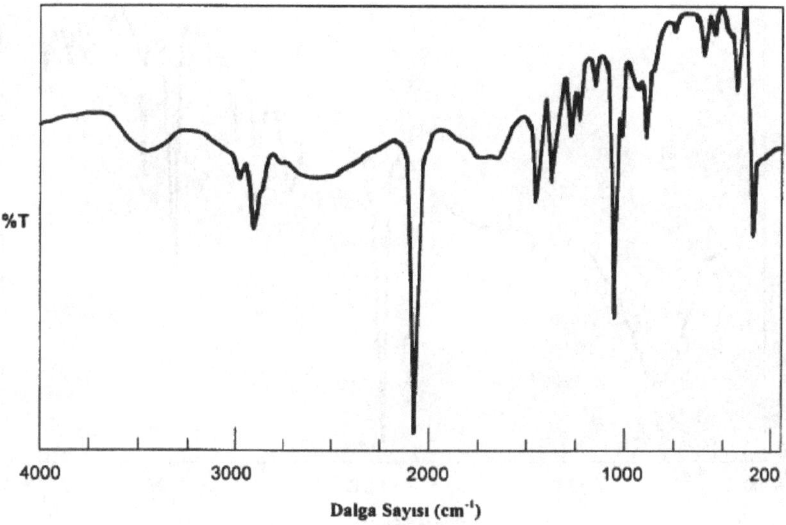


**Şekil 6.16.** Werner-tipi Co(II)-$TEAH_2$ 'nin IR spektrumu

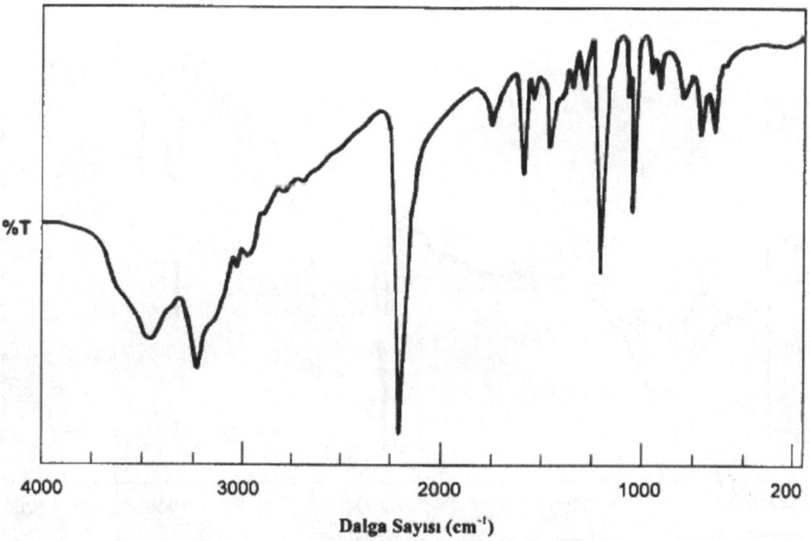


**Şekil 6.17.** Werner-tipi Ni(II)-$TEAH_3$ 'ün IR spektrumu

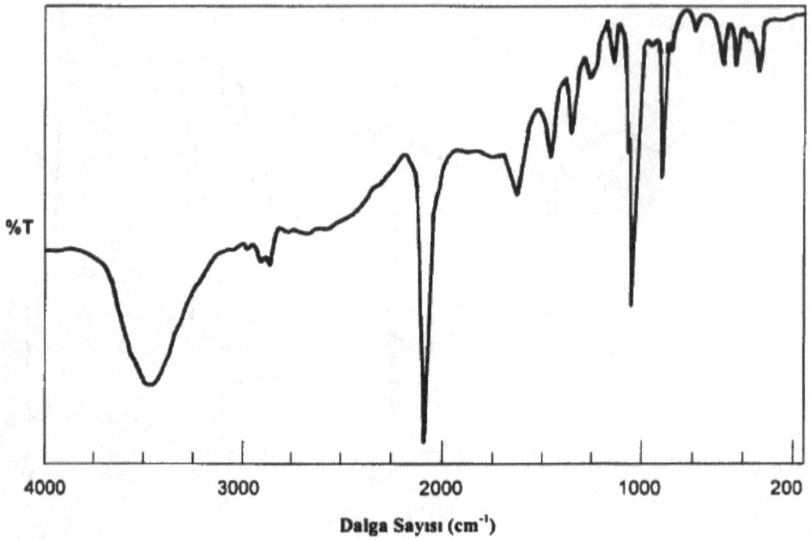


**Şekil 6.18.** Werner-tipi Cu(II)-$TEAH_2$ 'nin IR spektrumu

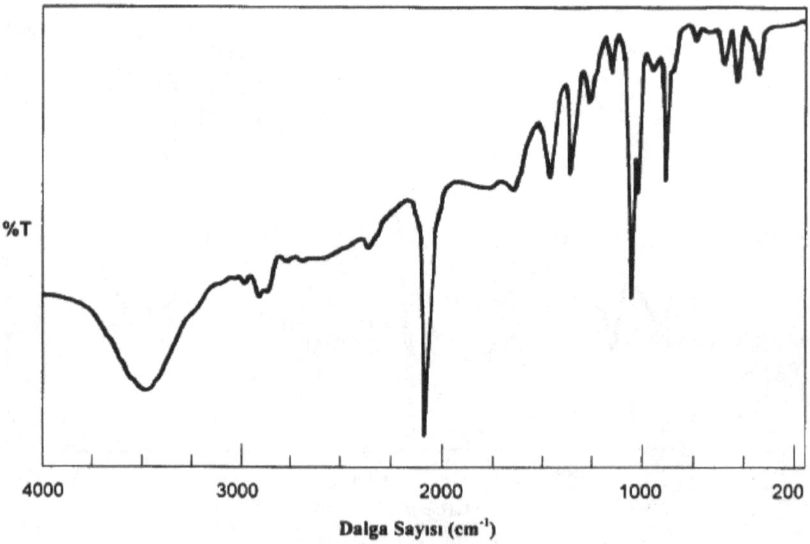


**Şekil 6.19.** Werner-tipi Zn(II)-$TEAH_2$ 'nin IR spektrumu

**Tablo 6.5.** Werner-tipi di- ve trietanolamin komplekslerinin karakteristik IR absorpsiyon değerleri ($cm^{-1}$)

| Kompleks | ν(OH) | ν(NH) | ν(C-H) | ν(C-N) | Δν(C-N) | ν(C-O) | ν(C-S) | δ(NCS) | ν(MN) |
|---|---|---|---|---|---|---|---|---|---|
| $[Co_2(DEAH)_2(NCS)_2]$ | 3487 | 3191 | 2950, 2895 | 2120, 2090 | 75, 45 | 1048 | 795 | 542 | 483 |
| $[Ni(DEAH_2)_2(NCS)_2]$ | 3354 | 3164 | 2976, 2895 | 2113 | 68 | 1038 | 790 | 543 | 476 |
| $[Cu_2(DEAH)_2(NCS)_2]$ | 3326 | 3164 | 2949, 2868 | 2140 | 95 | 1051 | 822 | 601 | 470 |
| $[Zn(DEAH_2)_2(NCS)_2]$ | 3515 | 3407 | 2975, 2895 | 2105 | 60 | 1078 | 840 | 512 | 453 |
| $[Co(TEAH_2)(NCS)]$ | 3434 | - | 2976, 2922 | 2086 | 41 | 1067 | 904 | 552 | 430 |
| $[Ni(TEAH_3)(NCS)]SCN$ | 3461 | - | 2976, 2922 | 2120 | 75 | 1063 | 899 | 542 | 483 |
| $[Cu(TEAH_2)(NCS)]$ | 3488 | - | 2949, 2868 | 2105 | 60 | 1063 | 870 | 557 | 438 |
| $[Zn(TEAH_2)(NCS)]$ | 3488 | - | 2921, 2895 | 2090 | 45 | 1063 | 900 | 557 | 453 |

## 6.5. X-ışınları Tek Kristal Çalışmaları

### *6.5.1. Trans - bis(dietanolamin) bis(izotiyosiyanato)nikel(II) 'nin, $[Ni(DEAH_2)_2(NCS)_2]$, kristal yapısı*

Ni(II)-$DEAH_2$ kompleksinin kristal yapısı X-ışınları kırınım yöntemi kullanılarak aydınlatılmaya çalışıldı. Bunun için de kompleksin sudaki çözeltisi oda sıcaklığında bekletilerek elde edilen kristallerden uygun olanları seçildi. Uygun boyutlarda bir kristal kullanılarak kompleksin molekül ve kristal geometrisi belirlendi. Bulunan kristallografik veriler aşağıda Tablo 6.6'da özetlenmiştir.

**Tablo 6.6.** $[Ni(DEAH_2)_2(NCS)_2]$ kompleksine ait kristallografik veriler

| | |
|---|---|
| Molekül formül | $C_{10}H_{22}N_4O_4S_2Ni$ |
| Molekül ağırlığı | 385,12 |
| Kristal rengi ve şekli | Mavi ve kare pirizma |
| Kristal sistemi | monoklinik |
| Uzay grubu | $P2_1/n$ |
| Birim hücre boyutları | |
| | $a$ = 6,8157(8) Å |
| | $b$ = 8,3508(10) Å |
| | $c$ =14,725(2) Å |
| | $\alpha$ =90,00 ° |
| | $\beta$ =100,119(10) ° |
| | $\gamma$ =90,00 ° |
| Birim hücre hacmi | 825,08(18) $Å^3$ |
| *Birim hücredeki molekül sayısı* | 2 |
| Yoğunluk | 1,550 g $cm^{-3}$ |
| Sıcaklık | 173(2) K |
| Kristal boyutları (mm) | 0,30 x 0,16 x 0,14 |

X-ışını kaynağı olarak MoKα (λ = 0,71073 Å) ışıması kullanılarak 173 K'de alınan 1568 yansıma verisi değerlendirildi. Kırınım ölçümleri grafit monokromatore sahip Siemens P4 model bir X-ışını kırınım cihazıyla yapıldı. Birim hücre Siemens XSCANS programıyla arıtılarak kristal yapısı SHELXS-97 bilgisayar programı ile çözümlendi. Maksimum sınır değeri 0,08 olabilen ve bir kristalin doğru çözümlendiğini ifade eden Uluslararası bir değer olan R 0,034 olarak bulundu. Bulunan bu değer kristaldeki atomların gerçek yerlerine yerleştirildiğini göstermektedir. Kristal çözümlenmesinden sonra kristal arıtması SHELXL-97 bilgisayar programı yardımıyla gerçekleştirilerek molekül grafikleri Siemens XP programıyla çizildi. Bu çalışmada bulunan komplekse ait bazı bağ uzunlukları ile bağ açıları ve hidrojen bağ uzunlukları ile bağ açıları Tablo 6.7'de verilmiştir.

**Tablo 6.7.** [Ni(DEAH$_2$)$_2$(NCS)$_2$] kompleksine ait seçilmiş bağ uzunlukları (Å) ve bağ açıları (°)

| | | | |
|---|---|---|---|
| Ni1–N1 | 2,069(3) | O1–C11 | 1,438(4) |
| Ni1–O1 | 2,076(2) | N2–C21 | 1,476(4) |
| Ni1–N2 | 2,096(2) | N2–C12 | 1,480(4) |
| S1–C1 | 1,647(3) | N1–C1 | 1,159(4) |
| C21–C22 | 1,518(4) | C12–C11 | 1,522(4) |
| C22–O2 | 1,432(4) | | |
| N1–Ni1–O1 | 89,44(10) | C12–N2–Ni1 | 106,34(18) |
| N1–Ni1–N2 | 88,78(10) | C1–N1–Ni1 | 173,4(3) |
| O1–Ni1–N2 | 83,16(9) | N1–C1–S1 | 178,5(3) |
| C11–O1–Ni1 | 109,89(18) | O2–C22–C21 | 110,0(3) |
| C21–N2–C12 | 114,5(3) | O1–C11–C12 | 110,0(3) |
| C21–N2–Ni1 | 116,5(2) | | |
| *D*–H...*A* | d(*D*–H) | d(H...*A*) | (*D*...*H*) |
| O1–H1...O2$^{i}$ | 0,72(4) | 1,93(4) | 2,651(3) |
| N2–H2...S1$^{ii}$ | 0,88(3) | 2,81(3) | 3,630(3) |
| O2–H3...S1$^{ii}$ | 0,83(4) | 2,45(4) | 3,225(3) |
| O1–H1...O2$^{i}$ | 174(5) | O2–H3...S1$^{ii}$ | 156(4) |
| N2–H2...S1$^{ii}$ | 156(3) | | |

*Simetri kodları: (i) 1/2 + x, 3/2 − y, 1/2 + z; (ii) 1/2 − x, 1/2 + y, 1/2 − z*

Şekil 6. 20'de görüldüğü gibi, iki izotiyosiyanat(NCS) iyonu ve iki $DEAH_2$ molekülü Ni(II) iyonuna oktahedral bir geometride koordine olmaktadır. Her bir DEA molekülü merkezi iyona *N* ve *O* atomu(O1) üzerinden iki dişli bir ligant olarak bağlanmaktadır ve diğer etanolik grup (O2) kooordinasyona katılmamaktadır. Yapıdan da görüldüğü gibi NCS oktahedronun *trans* pozisyonundaki yerlere koordine olurken, $DEAH_2$ *N* ve *O* atomlarıyla ekvatoral düzlemde *trans* olarak koordine olmaktadır.

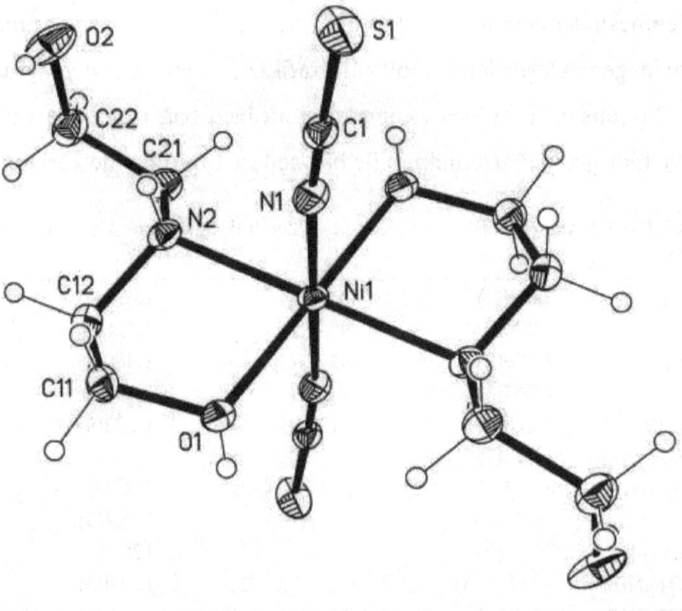


**Şekil 6.20.** *Trans* – bis(dietanolamin)bis(izotiyosiyanato)nikel(II)'nin ,$[Ni(DEAH_2)_2(NCS)_2]$, yapısı

Literatürden Ni(II) iyonu ile MEAH'ın yaptığı benzer bileşikte $Ni\text{-}N_{(amin)}$ ve $Ni\text{-}N_{(izotiyosiyanat)}$ bağ uzunlukları sırasıyla 2,081(5)Å ve 2,065(5) Å bulunmuşken [41], $DEAH_2$ kompleksinde sırasıyla 2,096(3) Å ve 2,069(3) Å bulunmuştur. Bu değerlerden de görüldüğü gibi her iki komplekste Ni-

$N_{(amin)}$ bağ uzunluğu Ni-$N_{(izotiyosiyanat)}$ bağ uzunluğundan biraz daha büyüktür. Ayrıca yine MEAH kompleksiyle karşılaştırıldığında $DEAH_2$ kompleksinde her iki bağ uzunluğunun biraz daha uzun olduğu ortaya çıkar. Benzer bir şekilde $DEAH_2$ kompleksindeki Ni-O bağ uzunluğu (2,076(2) Å), daha önce sentezlenen $DEAH_2$ ve $TEAH_3$ komplekslerine ait Ni-O bağ uzunluklarıyla (2,094(4) Å ve 2,068(1) Å) karşılaştırıldığında biraz farklılığın olduğu görülür [41,111].

$N_{(izotiyosiyanat)}$-Ni-$N_{(amin)}$ , $N_{(izotiyosiyanat)}$-Ni-O ve $N_{(amin)}$-Ni-O bağ açıları sırasıyla 91,22(10), 89,44(10) ve 83,16(9)$^o$ olarak bulunmuştur. Bu değerlerden de görüldüğü gibi açılar ideal oktahedronun iç açısı 90$^o$'den biraz sapmıştır. Bu da Ni(II) etrafındaki koordinasyon geometrisinde önemli bir bükülmenin olduğunu gösterir. NCS grupları hemen hemen doğrusal olmasına karşın Ni-N-C(-S) bağ zincirinde (Ni-N-C1, 173,4(3)$^o$ ) önemli bir bükülme göze çarpar.

Şekil 6.21'den NCS, NH ve serbest OH grupları moleküllerarası H bağlarıyla bağlanırken, benzer şekilde NH 'ye ait H atomları ve koordine olmayan OH grupları komşu moleküllerin *S* atomu ile hidrojen bağı oluşturdukları görülmektedir. Yine aynı şekilden koordine OH hidrojenleri diğer moleküllere ait serbest OH hidrojenleriyle H bağı meydana getirirler. Böylece ayrı moleküller hidrojen bağlarıyla bir araya gelerek sonsuz bir ağ örgü oluşturacak şekilde uzayda üç boyutlu bir kristal örgü oluşturmak üzere istiflenirler.

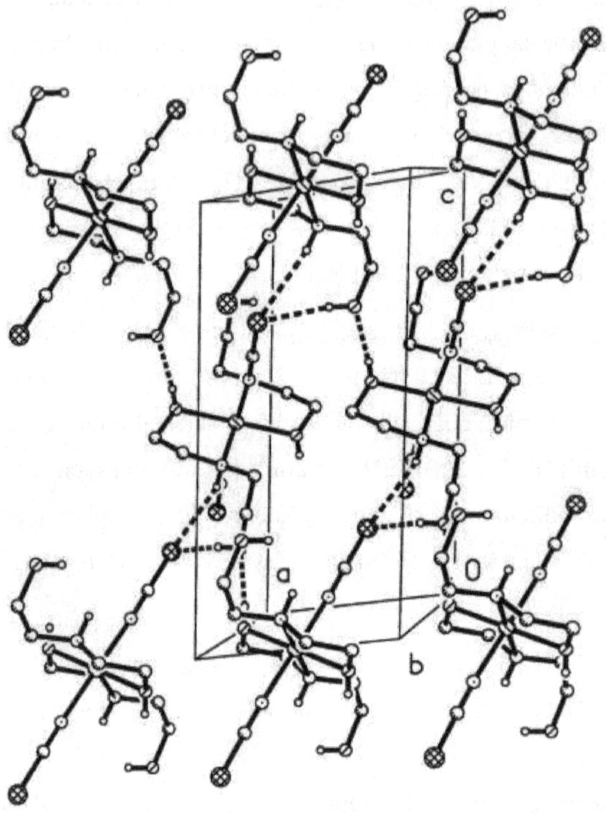


**Şekil. 6.21.** $[Ni(DEAH_2)_2(NCS)_2]$ 'nin üç boyutlu birim hücre yapısı ve moleküllerarası hidrojen bağlarının gösterimi

### *6.5.2. Bis(μ-dietanolaminato) bis(izotiyosiyanato)dibakır(II) 'nin ,[Cu₂(μ-DEAH)₂ (NCS)₂], kristal yapısı*

X-ışınları kırınım yöntemi kullanılarak, daha önce kristal yapısı çalışılmamış Werner-tipine benzer Cu(II)-DEAH$_2$ kompleksinin yapısı aydınlatılmaya çalışıldı. Bunun için kompleksin sulu çözeltisi oda sıcaklığında bekletilerek ele geçen ve tek kristal çalışması için elverişli kristaller seçildi. Kompleksin molekül ve kristal geometrisini belirlemek amacıyla uygun boyutlarda bir kristal kullanıldı. İncelenen bu kristalden elde edilen kristallografik veriler Tablo 6.8'de verilmiştir.

**Tablo 6.8.** [$Cu_2$(μ-DEAH)$_2$(NCS)$_2$] Komplekse ait kristallografik veriler

| | |
|---|---|
| Molekül formül | $C_{10}H_{20}N_4O_4S_2Cu_2$ |
| Molekül ağırlığı | 451,51 |
| Kristal rengi ve şekli | Koyu yeşil ve kare pirizma |
| Kristal sistemi | monoklinik |
| Uzay grubu | $P2_1/c$ |
| Birim hücre boyutları | |
| | $a$ = 10,3108(8) Å |
| | $b$ = 17,1229(14) Å |
| | $c$ =10,4990(8) Å |
| | $\alpha$ =90,00 ° |
| | $\beta$ =111,842(3) ° |
| | $\gamma$ =90,00 ° |
| Birim hücre hacmi | 1720,5(2) Å$^3$ |
| *Birim hücredeki molekül sayısı* | 4 |
| Yoğunluk | 1,743 g cm$^{-3}$ |
| Sıcaklık | 143(2) K |
| Kristal boyutları (mm) | 0,15 x 0,10 x 0,07 |

X-ışını kaynağı olarak MoKα (λ = 0,71073 Å) ışıması kullanılarak 143(2) K'de alınan ve −13 ≤ h ≤ 13, −22 ≤ k ≤ 22, −13 ≤ l ≤ 13 indeks oranları içinde 2,13 ve 28,28° θ açıları arasında toplanan 22864 yansıma verisi değerlendirildi. 4264 şiddetli veri bağımsız olarak bulundu ($R_{int.}$= 0,0440). Kırınım ölçümleri grafit monokromatore sahip Siemens P4 model bir X-ışını kırınım cihazıyla yapıldı. Birim hücre Siemens XSCANS programıyla arıtılarak kristal yapısı SHELXS-97 bilgisayar programı ile çözümlendi. Kristal çözümlenmesinden sonra kristal arıtması SHELXL-97 bilgisayar programı yardımıyla gerçekleştirilerek molekül grafikleri Siemens XP programıyla çizildi. Bu çalışmada bulunan komplekse ait bazı bağ uzunlukları ile bağ açıları Tablo 6.9'da verilmiştir.

**Tablo 6.9.** [$Cu_2(DEAH)_2(NCS)_2$] kompleksine ait seçilmiş bağ uzunlukları (Å) ve bağ açıları (°)

| | | | |
|---|---|---|---|
| Cu1–N1 | 1,9262(17) | N1–C1 | 1,160(3) |
| Cu1–O11 | 1,9330(13) | C1–S1 | 1,638(2) |
| Cu1–O21 | 1,9923(13) | N11–C12 | 1,478(3) |
| Cu1–N11 | 2,0386(17) | C12–C11 | 1,501(3) |
| Cu2–N2 | 1,9286(17) | C11–O11 | 1,422(2) |
| Cu2–O21 | 1,9617(13) | N11–C13 | 1,474(2) |
| Cu2–O11 | 1,9404(13) | C13–C14 | 1,516(3) |
| Cu2–N21 | 1,9991(17) | C14–O12 | 1,413(2) |
| Cu1–Cu2 | 2,8648(4) | | |
| N21–H1...O11#1 | 2,913(2) | N11–H2...S1#3 | 3,4605(18) |
| O12–H3...S2#2 | 3,1685(18) | O22–H4...O12#4 | 2,807(2) |
| N1–Cu1–O11 | 178,85(6) | O11–Cu1–O21 | 77,52(5) |
| O11–Cu1–N11 | 84,41(6) | Cu1–O21–Cu2 | 92,86(6) |
| N1–Cu1–O21 | 98,43(7) | Cu1–O11–Cu2 | 95,39(6) |
| N1–Cu1–N11 | 99,39(5) | | |

#1 -x+2,-y+1,-z+1; #2 x+1,-y+3/2,z+1/2; #3 -x+3,-y+1,-z+1; #4 -x+2, y-1/2,z+1/2

Çift oksijen köprülü dimerik bakır-dietanolamin ,$[Cu_2(\mu\text{-}DEAH)_2(NCS)_2]$, kompleksinin moleküler yapısı Şekil 6.22'de görülmektedir.

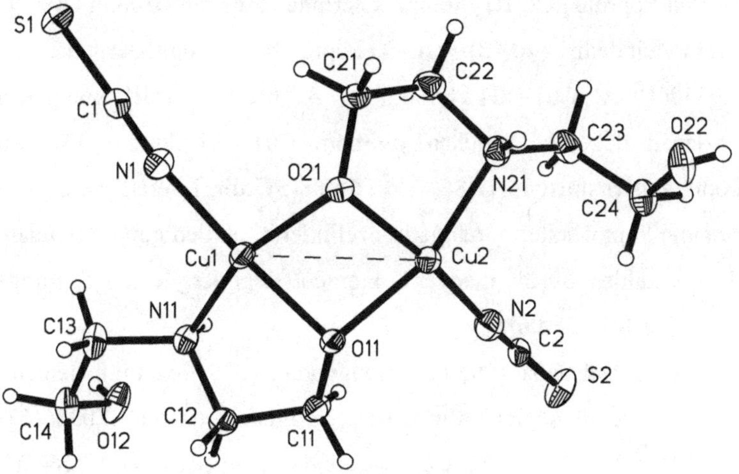


**Şekil 6.22.** Bis(μ–dietanolaminato)bis(izotiyosiyanato)dibakır(II)'nin, $[Cu_2(\mu\text{–}DEAH)_2(NCS)_2]$, molekül yapısı

Moleküler yapıya ait şekilden de görüldüğü gibi binükleer olan yapıda her bir bakır iyonu dört-koordinasyonludur ve bu bakır iyonları iki dietanolamin ligantına ait oksijenlerle oksijen köprüleri meydana getirmektedir. Bu –Cu-O-Cu-O- köprü grubu düzlemsel olup, değişim merkezinin iki bakır iyonu arasında bulunduğu köprülü oksijen ve bakır atomları $Cu_2O_2$ esaslı bir merkezi simetri oluşturmaktadır.

Komplekste $DEAH_2$ ligantı, etanolik H'nin birini kaybederek *N* ve protonsuz *O* üzerinden elektron sunarak çift dişli anyonik bir ligant olarak merkez atomuna koordine olmaktadır. $DEAH_2$'ye ait diğer etanolik grup ise koordinasyona katılmamaktadır. Biri tiyosiyanat iyonundan diğeri de dietanolamin iyonundan gelen iki *N* atomu ve $DEAH_2$'nin iyonlarından gelen iki *O* atomu 77,52(5)°–98,43(7)° bağ açıları ile bakır iyonları etrafında aşırı derecede bozulmuş kare düzlem koordinasyonda bir geometri oluşturur. Cu1-Cu2 arası uzaklık ,(2,8648(4) Å), diğer dimerik alkoksi-köprülü Cu(II) komplekslerinde bulunan uzaklıklarla oldukça uyum içindedir (40,42). Cu-O köprü bağ uzunlukları da, Cu1-O11 1,9330(3) Å, Cu1-O21 1,9923(13) Å, benzer Cu(II) komplekslerinde gözlenen değerlere oldukça yakındır. Cu1-O21-Cu2 ve O11-Cu2-O21 köprü açıları sırasıyla 92,86(6)° ve 78,08(5)° 'dir. Literatürde Cu-O-Cu bağ açısının komplekslerin manyetik özelliklerini etkilediğini ve bundan dolayı da normalden düşük manyetik moment değerleriyle karşılaşıldığı rapor edilmiştir [41,43,106].

N1-C1-S1 bağ açısı 179,6(2)° olduğundan NCS ligantının hemen hemen doğrusal olduğu söylenebilir. $Cu\text{-}N_{amin}$ bağları (Cu1-N11 2,0386(17) Å) ve (Cu2-N21 1,9991(17) Å), $Cu\text{-}N_{NCS}$ bağlarından (Cu1-N1 1,9262(17) Å ve Cu2-N2 1,9286(17) Å) dikkati çekecek derecede daha uzundur. Aynı gözlemler benzer yapılar olan Ni(II)-$DEAH_2$ ve Cu(II)-MEAH [40] komplekslerinde de gözlenmiştir.

NH ve serbest OH grupları molekül içi hidrojen bağına katılmaktadırlar. Kompleksteki bir dietanolaminin NH grubuna ait *H* atomu komşu moleküllerin tiyosiyanat iyonunun *S* atomları ile nispeten zayıf hidrojen bağları yaparken ($N11\text{-}H2...S1^{iii}$ 3,4605(18) Å), diğer dietanolamine ait NH grubunun *H* atomu alkoksi *O* atomu ile hidrojen bağı yapmaktadır ($N21\text{-}H1...O1^{i}$ 2,913(2) Å). Koordinasyona katılmayan OH gruplarına ait *H* atomları ise komşu OH ve SCN grupları ile hidrojen bağları oluşturur ($O12\text{-}H3...S2^{ii}$ 3,1685(18) Å ve $O12\text{-}H4...O22^{iii}$ 2,807(2) Å). Böylece ayrı dimerik moleküller üç boyutlu sonsuz bir ağ örgü oluşturacak şekilde hidrojen bağları ile birbirlerine bağlanmaktadır (Şekil 6.23).

$TEAH_3$ ligantı kullanılarak hazırlanan Co(II), Ni(II), Cu(II) ve Zn(II) komplekslerinin X-ışını tek kristal çalışmalarından Co(II), Cu(II) ve Zn(II)-$TEAH_3$ komplekslerinde $TEAH_3$ bir hidrojen kaybederek anyonik bir ligant olarak davrandığı belirlenmiş ve bileşimin [M($TEAH_2$)(NCS)] şeklinde olduğu bulunmuştur. Ni(II)-$TEAH_3$ kompleksinde ise $TEAH_3$'ün nötral ve bileşimin ise [Ni($TEAH_3$)(NCS)]SCN olduğu tespit edilmiştir. $TEAH_3$'lü komplekslerin uygun kristalleri hazırlanmış olmasına rağmen kristalde meydana gelen aşırı düzensizlikten (disorder) yani kristal örgü içinde atom ya da atomların aynı enerjiye sahip birden fazla yerde yer almasından dolayı indeksleme ve arıtma mümkün olmamıştır. Bu yüzden de yapıdaki atom sayısı ve cinsi belirlenmiş olmasına rağmen kristal yapı aydınlatılamamıştır.

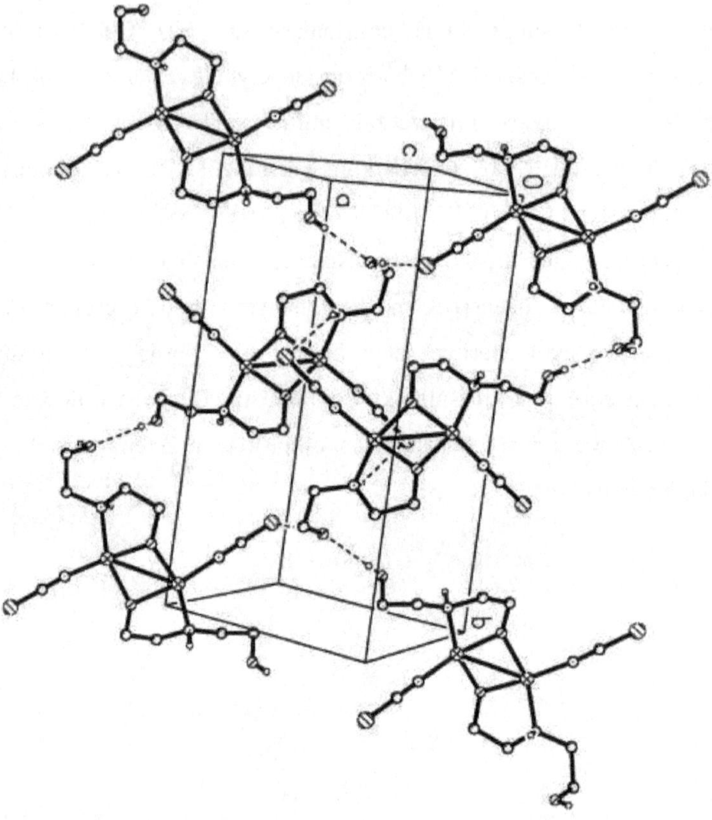

**Şekil 6.23.** $[Cu_2(\mu-DEAH)_2(NCS)_2]$'nin üç boyutlu birim hücre yapısı ve moleküllerarası hidrojen bağlarının gösterimi

## 6.6. Termik Analiz Çalışmaları

Werner-tipi $DEAH_2$ ve $TEAH_3$ komplekslerinin eşzamanlı olarak alınan TG, DTG ve DTA eğrilerinden ve yapılan hesaplamalardan bozunma davranışları incelendi. Komplekslerin bozunmalarına ilişkin TG, DTG ve DTA eğrilerinden elde edilen termoanalitik sonuçlar Tablo 6.10'da verilmiştir. Buna göre örgü suyu içermeyen Co(II), Ni(II), Cu(II) ve Zn(II)–$DEAH_2$ ve $TEAH_3$ komplekslerinin termik analiz sonuçları şöyle özetlenebilir:

Termik olarak 225 $^oC$'ye kadar kararlı olan $[Co_2(DEAH)_2(NCS)_2]$ kompleksi 226 $^oC$'de erimekte ve erimeyle birlikte yapıdan $DEAH_2$'lerin ayrışmasının gerçekleştiği, DTG maksimumda 239, 250 ve 297 $^oC$'ye karşılık gelen üç basamaklı bir bozunma meydana gelmektedir. Kütle kaybı ve IR analizi ile 310 $^oC$'de oluşan ara ürünün CoO ve $Co(SCN)_2$ olduğu tesbit edilmiştir. 310–814 $^oC$ arasında endotermik olarak gerçekleşen son basamakta 2 mol SCN uzaklaşmakta ve geriye kobalt oksite karşılık gelen bir kütle kalmaktadır (Şekil 6.25).

$$[Co_2(DEAH)_2(NCS)_2]_{(k)} \xrightarrow{229-271\ ^oC} [Co_2(DEAH)(NCS)_2]_{(k)} + \text{uçucu ürünler}$$

$$[Co_2(DEAH)(NCS)_2]_{(k)} \xrightarrow{271-310\ ^oC} CoO_{(k)} + Co(NCS)_{2\,(k)} + \text{uçucu ürünler}$$

$$CoO_{(k)} + Co(NCS)_{2\,(k)} \xrightarrow{310-814\ ^oC} Co_2O_{3\,(k)} + \text{uçucu ürünler}$$

Şekil 6.26'dan görüldüğü gibi $[Ni(DEAH_2)_2(NCS)_2]$ kompleksi 204 $^oC$'de eriyerek bozunmaya başlamaktadır. 209 ve 283 $^oC$ sıcaklık aralığında peş peşe iki basamaklı endotermik bozunmada $DEAH_2$ 'lerin uzaklaşması gerçekleşmektedir. Bu basamaktan sonra oluşan ara ürünün IR tekniği kullanılarak $Ni(NCS)_2$ olduğu anlaşılmıştır. Benzer bozunma basamağı Werner-tipi bazı piridin türevleriyle oluşturulan nikel komplekslerinin termik bozunmaları incelenerek de rapor edilmiştir [112–114]. DTG maksimumda 596 °C'ye karşılık gelen son basamakta tiyosiyanatlar ayrışmaktadır. Geriye kalan % 19,17'lik (teorik % 19,34) kütle NiO'e karşılık gelmektedir.

$$[Ni(DEAH_2)_2(NCS)_2]_{(k)} \xrightarrow{209-246\ ^\circ C} [Ni(DEAH_2)(NCS)_2]_{(k)} + \text{uçucu ürünler}$$

$$[Ni(DEAH_2)(NCS)_2]_{(k)} \xrightarrow{246-283\ ^\circ C} Ni(NCS)_{2\,(k)} + \text{uçucu ürünler}$$

$$Ni(NCS)_{2\,(k)} \xrightarrow{283-811\ ^\circ C} NiO_{(k)} + \text{uçucu ürünler}$$

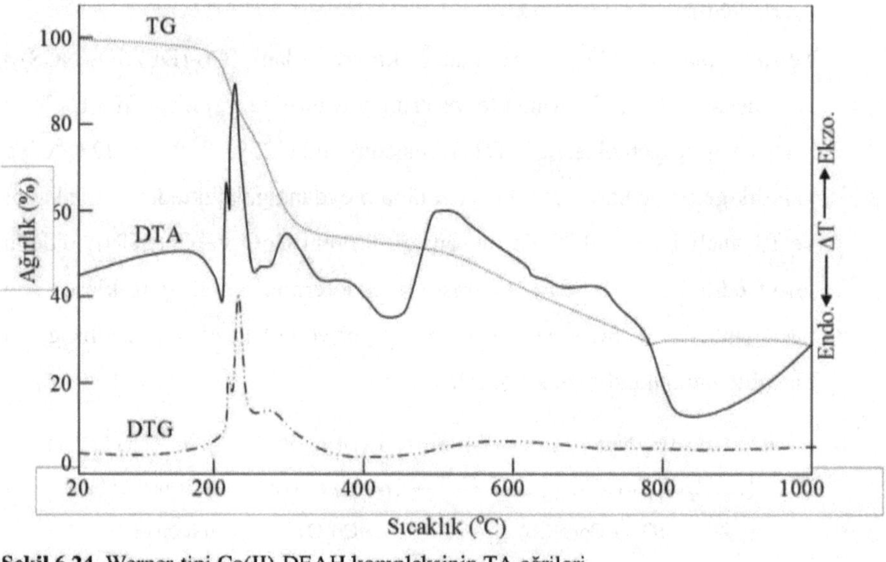


**Şekil 6.24.** Werner-tipi Co(II)-DEAH kompleksinin TA eğrileri

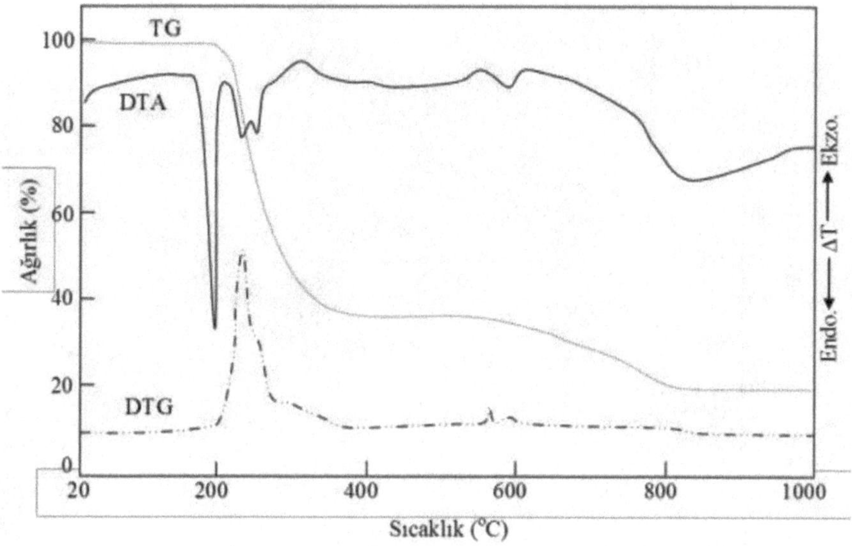


**Şekil 6.25.** Werner-tipi Ni(II)-$DEAH_2$ kompleksinin TA eğrileri

135 °C'ye kadar kararlı olan ve 137 °C'de eriyen $[Cu_2(DEAH)_2(NCS)_2]$ kompleksi dört basamaklı bir bozunmaya uğramaktadır (Şekil 6.27). DTG'de 150, 230 ve 263 °C maksimum sıcaklıklara karşılık gelen basamaklarda $DEAH_2$ 'ler ayrışmaktadır. 269–750 °C'de gerçekleşen son basamakta ise 2 mol SCN uzaklaşmakta ve geriye CuO kalmaktadır (deneysel: % 34,60; teorik: % 35,23).

$$[Cu_2(DEAH)_2(NCS)_2]_{(k)} \xrightarrow{140\text{-}196\,^{\circ}C} [Cu_2(DEAH)(NCS)_2]_{(k)} + \text{uçucu ürünler}$$

$$[Cu_2(DEAH)(NCS)_2]_{(k)} \xrightarrow{196\text{-}269\,^{\circ}C} CuO_{(k)} + Cu(NCS)_{2\,(k)} + \text{uçucu ürünler}$$

$$CuO_{(k)} + Cu(NCS)_{2\,(k)} \xrightarrow{269\text{-}750\,^{\circ}C} 2CuO_{(k)} + \text{uçucu ürünler}$$

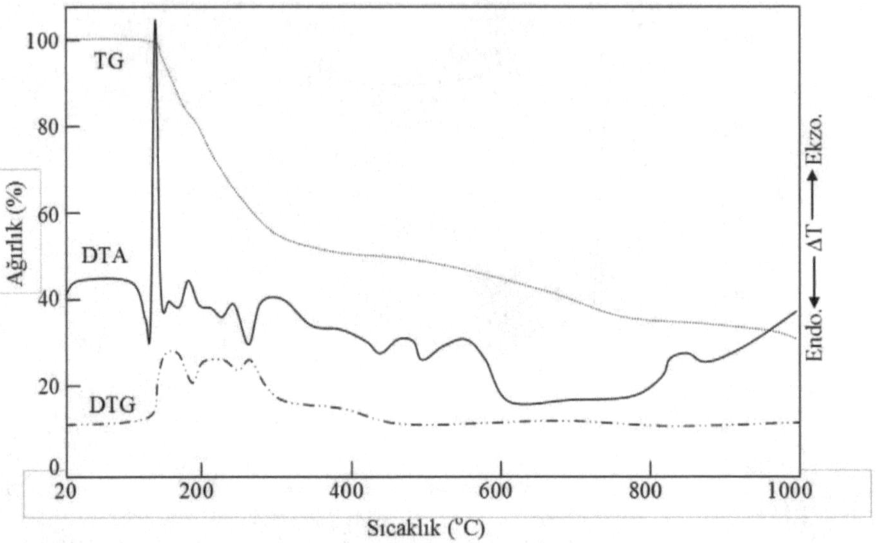


**Şekil 6.26.** Werner-tipi Cu(II)-DEAH kompleksinin TA eğrileri

$[Zn(DEAH_2)_2(NCS)_2]$ kompleksinde bir erime olmadan 122–352 °C sıcaklık aralığında iki basamakta $DEAH_2$'ler ayrılmaktadır (deneysel: % 49,17; teorik: % 49,58). DTG maksimumda 380 °C sıcaklığa karşılık gelen son basamakta ise tek kademede NCS'ler uzaklaşarak geriye sarı renkli ZnO kalmaktadır. ZnO yüksek sıcaklıklara kadar ısıtıldığında sararır ve az miktarda oksijen kaybeder. Yapılan inceleme örgüde çinko ara atomlarının oluştuğunu göstermiştir. Yani düşük koordinasyonlu (tetrahedral) ve gevşek istiflenmiş bir örgüye sahip ZnO ısıtıldığında kristal örgülerinde çeşitli tiplerde kristal kusurları meydana gelmekte ve ZnO'da çinko ara atomları oluşmaktadır [115, 116]. Hazırlanan Werner-tipine benzer çinko komplekslerinde kalan ürünün ZnO'ya tam karşılık gelmemesi, $Zn_{1+X}O$ bileşiminde bertolit tipi bir katının oluşmasına bağlanmaktadır (Şekil 6.28).

$$[Zn(DEAH_2)_2(NCS)_2]_{(k)} \xrightarrow{122-230\,^{\circ}C} [Zn(DEAH_2)(NCS)_2]_{(k)} + \text{uçucu ürünler}$$

$$[Zn(DEAH_2)(NCS)_2]_{(k)} \xrightarrow{230-352\,^{\circ}C} Zn(NCS)_{2\,(k)} + \text{uçucu ürünler}$$

$$Zn(NCS)_{2\,(k)} \xrightarrow{352-600\,^{\circ}C} ZnO_{(k)} + \text{uçucu ürünler}$$

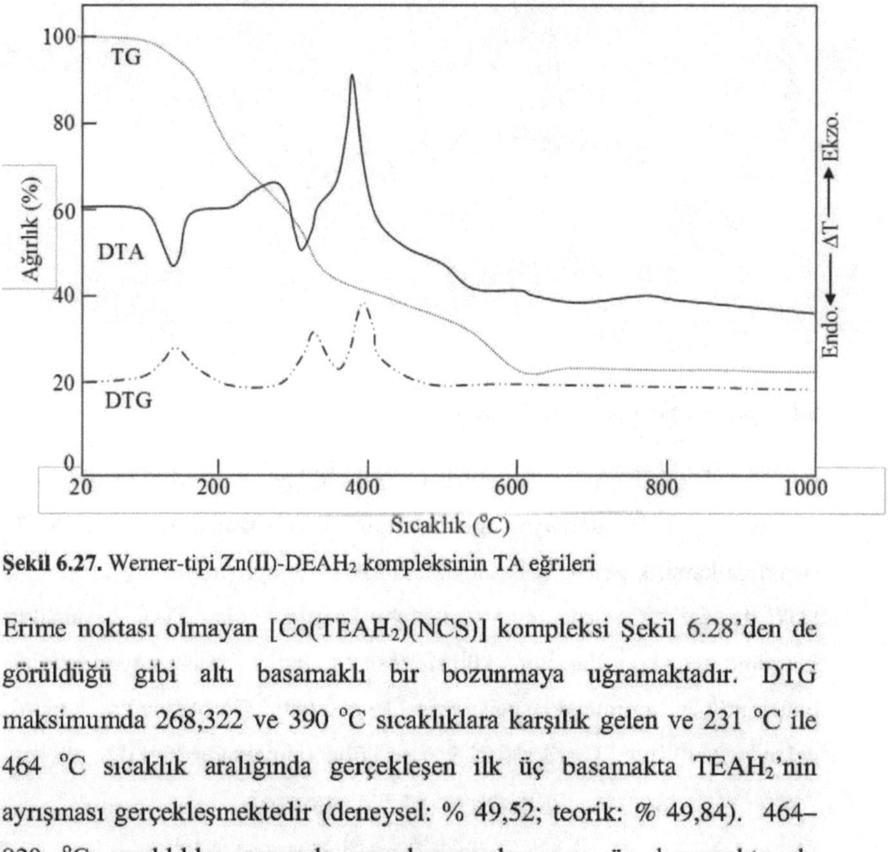


**Şekil 6.27.** Werner-tipi Zn(II)-DEAH$_2$ kompleksinin TA eğrileri

Erime noktası olmayan [Co(TEAH$_2$)(NCS)] kompleksi Şekil 6.28'den de görüldüğü gibi altı basamaklı bir bozunmaya uğramaktadır. DTG maksimumda 268,322 ve 390 °C sıcaklıklara karşılık gelen ve 231 °C ile 464 °C sıcaklık aralığında gerçekleşen ilk üç basamakta TEAH$_2$'nin ayrışması gerçekleşmektedir (deneysel: % 49,52; teorik: % 49,84). 464–920 °C sıcaklıklar arasında meydana gelen son üç basamakta da tiyosiyanatın uzaklaşması gerçekleşmekte ve CoO karşılık gelen % 28,95'lük bir kütle ele geçmektedir.

$$[Co(TEAH_2)(NCS)]_{(k)} \xrightarrow{231-464\,^{\circ}C} Co(NCS)_{(k)} + \text{uçucu ürünler}$$

$$Co(NCS)_{(k)} \xrightarrow{464-940\,^{\circ}C} CoO_{(k)} + \text{uçucu ürünler}$$

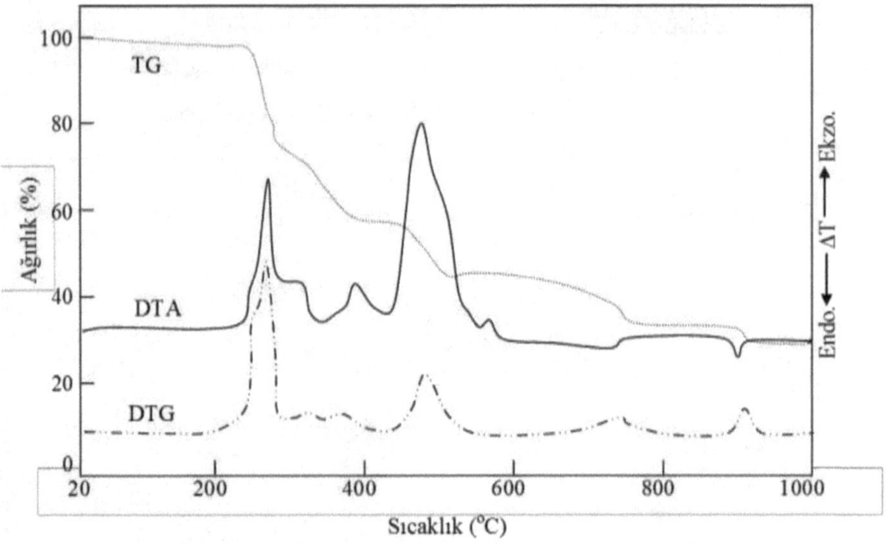


**Şekil 6.28.** Werner-tipi Co(II)-$TEAH_2$ kompleksinin TA eğrileri

$[Ni(TEAH_3)(NCS)]SCN$ kompleksi 248 °C’de erimeyle birlikte iki basamaklı bir bozunmaya uğramaktadır. DTG maksimumda 256 °C sıcaklığa karşılık gelen ilk basamakta $TEAH_3$’ün ayrışması gerçekleşirken, DTG’de 614 °C maksimum sıcaklığa karşılık gelen ikici basamakta koordine ve koordinasyon küresi dışında tamamlayıcı anyon olarak bulunan SCN ’lerin uzaklaşması gerçekleşmektedir. Geriye NiO’ya karşılık gelen % 22,49’luk (Teorik: % 22,99) bir kütle kalmaktadır (Şekil 6.29).

$$[Ni(TEAH_3)(NCS)]NCS \xrightarrow{250-275\,^{\circ}C} Ni(NCS)_2 + \text{uçucu ürünler}$$

$$Ni(NCS)_2 \xrightarrow{275-798\,^{\circ}C} NiO + \text{uçucu ürünler}$$

Şekil 6.30’dan da görüldüğü gibi 160 °C ’de eriyen $[Cu(TEAH_2)(NCS)]$ kompleksi dört basamaklı bir bozunmaya uğramaktadır. 163–233 ve 233–305 °C sıcaklıklar arasında ardarda gerçekleşen ilk üç basamakta sırasıyla % 26,35 ve % 22,44 ’lük kütle kaybı $TEAH_2$ ’nin ayrışmasına karşılık gelmektedir (Teorik: % 48,99). DTG maksimumda 318 °C ’ye karşılık gelen son basamakta tiyosiyanatın uzaklaşması gerçekleşmekte ve geriye CuO kalmaktadır.

$$[Cu(TEAH_2)(NCS)] \xrightarrow{163-305\,^{\circ}C} Cu(NCS) + \text{uçucu ürünler}$$

$$Cu(NCS) \xrightarrow{305-804\,^{\circ}C} CuO + \text{uçucu ürünler}$$

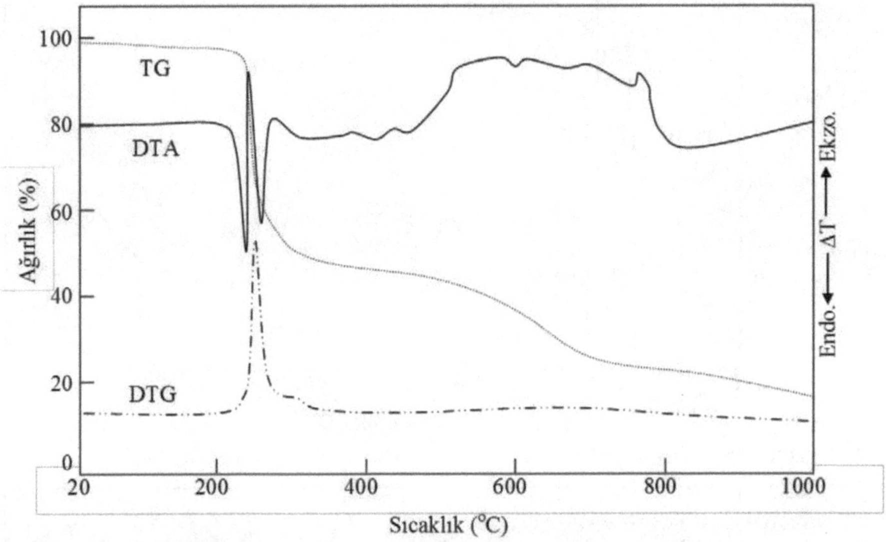


**Şekil 6.29.** Werner-tipi Ni(II)-$TEAH_3$ kompleksinin TA eğrileri

$[Zn(TEAH_2)(NCS)]$ kompleksinin ise 220 °C'de eriyip yaklaşık 225 °C'de bozunmaya başladığı Şekil 6.31'de görülmektedir. Diğer bir çok komplekste görüldüğü gibi ara basamakların olduğu bu kompleks de ilk üç basamakta $TEAH_2$'nin ayrışması gerçekleşirken (Deneysel: % 48,11; Teorik: % 48,66), DTG maksimumda 544 ve 764 °C sıcaklıklara karşılık gelen son basamakta ekzotermik ve endotermik olarak tiyosiyanatın uzaklaşması gerçekleşmektedir. Geride % 31,20'lık (Teorik: % 29,96) kütlenin ZnO olduğu, bunun da $Zn_{1+X}O$ bileşiminde bertolit tipi bir katıya dönüştüğü tahmin edilmektedir.

$$[Zn(TEAH_2)(NCS)] \xrightarrow{225-519\ ^{\circ}C} Zn(NCS) + \text{uçucu ürünler}$$

$$Zn(NCS) \xrightarrow{519-810^{\circ}C} ZnO + \text{uçucu ürünler}$$

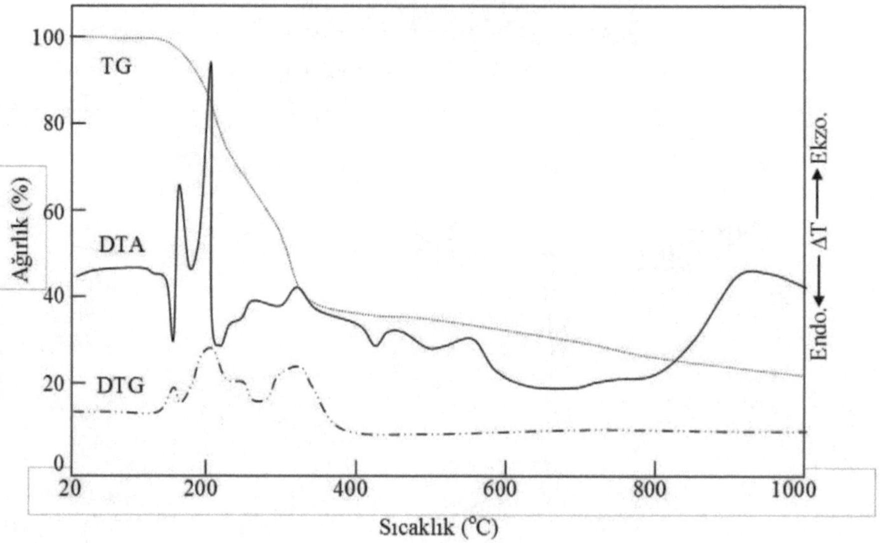


**Şekil 6.30.** Werner-tipi Cu(II)-$TEAH_2$ kompleksinin TA eğrileri

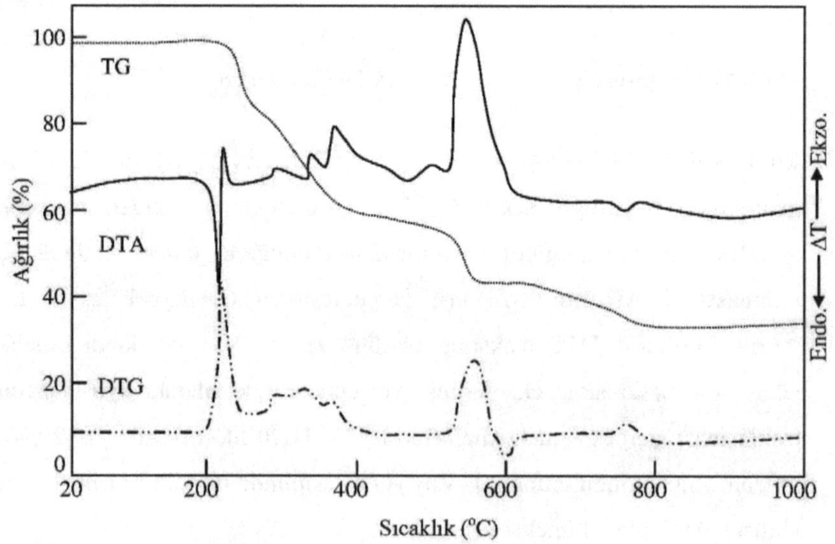


**Şekil 6.31.** Werner-tipi Zn(II)-$TEAH_2$ kompleksinin TA eğrileri

Genelde üçten fazla bozunma gösteren bu komplekslerde bozunma peş peşe oluştuğundan, bozunma basamakları belirgin olarak ayırt edilememektedir. İlk iki ya da üç basamakta $DEAH_2$ veya $TEAH_3$ 'ün ayrışması gerçekleşirken, sonraki basamak ya da basamaklarda izotiyosiyanatın ayrışması gerçekleşmektedir. Bozunma sonucu kalan ürünler ise metal oksitlere karşılık gelmektedir.

Komplekslerin termik analiz eğrilerinden görüldüğü gibi Zn(II)-$DEAH_2$ ve Co(II)-$TEAH_3$ kompleksi hariç diğerlerinde ilk termik olay erimedir. Buna göre Co(II), Ni(II) ve Cu(II)-$DEAH_2$ kompleksleri sırasıyla 226, 204 ve 137 $^{o}$C'de erirken, Ni(II), Cu(II) ve Zn(II)-$TEAH_3$ kompleksleri sırasıyla 248, 160 ve 220 $^{o}$C'de erimektedirler. Erime sıcaklıkları karşılaştırıldığında, $DEAH_2$ kompleksleri için;

Co(II) –DEAH > Ni(II) –$DEAH_2$ > Cu(II)–DEAH

$TEAH_3$ kompleksleri için de;

Ni(II)–$TEAH_3$ > Zn(II)–$TEAH_2$ > Cu(II)–$TEAH_2$

sırası elde edilir. Bu sıralamadan da görüldüğü gibi eğer Co(II)-$DEAH_2$ ve Zn(II)-$TEAH_2$ kompleksleri hariç tutulursa Ni ve Cu komplekslerinin erime noktaları arasında bir düzenliliğin olduğu görülür. Komplekslerde erimeden sonra bozunma başlamaktadır. Ortalama 200 $^{o}$C başlayan ilk bozunma Ni(II) ve Zn(II)-$DEAH_2$ kompleksleri hariç ekzotermiktir. Komplekslerin bu ilk bozunma sıcaklıkları dikkate alınacak olursa, $DEAH_2$ kompleksleri için;

Co(II)–DEAH (229 $^{o}$C) > Ni(II)–$DEAH_2$ (209 $^{o}$C) > Cu(II)–DEAH (140 $^{o}$C) >Zn(II)–$DEAH_2$ (122 $^{o}$C)

TEA kompleksleri için;

Ni(II)–$TEAH_3$ (250 $^oC$) > Co(II)–$TEAH_2$ (232 $^oC$) >Zn(II)–$TEAH_2$ (225 $^oC$) >Cu(II)–$TEAH_2$ (163 $^oC$)

sıralaması elde edilir. Bu sıralamalardan $TEAH_3$ komplekslerinin sıcaklık artışı karşısında kararlılıklarında bir düzenlilik görülmezken, $DEAH_2$ komplekslerinde Co(II) 'den Zn(II) 'ye doğru gidildikçe kompleks kararlılığının azaldığı görülmektedir. Yine bu sıralamalardan Zn(II)-$DEAH_2$ ve Cu(II)-$TEAH_3$ komplekslerinin ilk bozunma sıcaklıklarının diğer komplekslerden daha düşük olduğu dolayısıyla sıcaklık artışı karşısında karalılıklarının diğer komplekslerden daha az olduğu anlaşılmaktadır

**Tablo 6.10.** Werner-tipi di- ve trietanolamin komplekslerinin TA eğrilerinden elde edilen termoanalitik sonuçlar

| Kompleks | Bozunma basamağı | Bozunma aralığı (°C) | $DTG_{mak.}$ (°C)[a] | Kütle kaybı (%) | | Toplam ağırlık kaybı (%) | | Kalan ürün | Renk |
|---|---|---|---|---|---|---|---|---|---|
| | | | | Deneysel | Teorik | Deneysel | Teorik | | |
| $[Co_2(DEAH)_2(NCS)_2]$ | 1 | 229-310 | 239(−) | | | | | | |
| | 2 | | 250(−) | | | | | | |
| | 3 | | 297(−) | 36,37 | 36,24 | | | | |
| | 4 | 310-814 | 520(−) | 25,97 | 26,26 | 62,34 | 62,50 | $Co_2O_3$ | siyah |
| $[Ni(DEAH_2)_2(NCS)_2]$ | 1 | 209-283 | 236(+) | | | | | | |
| | 2 | | 256(+) | 50,22 | 50,45 | | | | |
| | 3 | 283-822 | 596(+) | 29,66 | 30,16 | 79,88 | 80,61 | NiO | yeşil-siyah |
| $[Cu_2(DEAH)_2(NCS)_2]$ | 1 | 140-269 | 150(−) | | | | | | |
| | 2 | | 230(+) | | | | | | |
| | 3 | | 263(+) | 38,73 | 39,05 | | | | |
| | 4 | 269-750 | 353(+) | 25,97 | 25,73 | 64,70 | 64,78 | 2CuO | siyah |
| $[Zn(DEAH_2)_2(NCS)_2]$ | 1 | 122-352 | 152(+) | | | | | | |
| | 2 | | 322(+) | 49,17 | 49,58 | | | | |
| | 3 | 352-600 | 380(−) | 28,71 | 29,60 | 77,50 | 79,18 | ZnO | sarı |
| $[Co(TEAH_2)(NCS)]$ | 1 | 231-464 | 268(−) | | | | | | |
| | 2 | | 322(+) | | | | | | |
| | 3 | | 390(−) | 49,52 | 49,84 | | | | |
| | 4 | 464-940 | 478(−) | | | | | | |
| | 5 | | 741(+) | | | | | | |
| | 6 | | 903(+) | 21,53 | 21,90 | 71,05 | 71,74 | CoO | gri-siyah |
| $[Ni(TEAH_3)(NCS)]SCN$ | 1 | 250-275 | 256(−) | 40,90 | 41,10 | | | | |
| | 2 | 275-798 | 614(+) | 35,24 | 35,85 | 76,14 | 76,95 | NiO | yeşil-siyah |

**Tablo 6.10** 'un devamı

| Kompleks | Bozunma basamağı | Bozunma aralığı (°C) | $DTG_{mak.}$ (°C)[a] | Kütle kaybı (%) | | Toplam ağırlık kaybı (%) | | Kalan ürün | Renk |
|---|---|---|---|---|---|---|---|---|---|
| | | | | Deneysel | Teorik | Deneysel | Teorik | | |
| [Cu(TEAH$_2$)(NCS)] | 1 | 163-305 | 167(−) | 48,79 | 48,99 | | | | |
| | 2 | | 214(−) | | | | | | |
| | 3 | | 256(+) | | | | | | |
| | 4 | 305-804 | 318(+) | 21,56 | 21,53 | 70,35 | 70,52 | CuO | siyah |
| [Zn(TEAH$_2$)(NCS)] | 1 | 225-519 | 230(−) | | | | | | |
| | 2 | | 339(+) | | | | | | |
| | 3 | | 375(−) | 48,11 | 48,66 | | | | |
| | 4 | 519-810 | 544(−) | | | | | | |
| | 5 | | 764(+) | 20,69 | 21,38 | 68,80 | 70,04 | ZnO | |
| | | | | | | | | | sarı |

[a](+): Endotermik, (-): Ekzotermik

# VII. Sonuç ve Öneriler

İki bölümden oluşan bu çalışmanın ilk bölümünde Co(III)-DEAH, Ni(II)-, Cu(II)-, Zn(II)- ve Cd(II)-$DEAH_2$ ve Co(III)-$TEAH_2$, Ni(II)-, Cu(II)-, Zn(II)- ve Cd(II)-$TEAH_3$ kompleksleri, ilk kez Hofmann tarafından sentezlenen $[Ni(NH_3)_2Ni(CN)_4]$ kompleksindeki $NH_3$ ligantları yerine $DEAH_2$ veya $TEAH_3$ ligantları kullanılarak elde edilmiştir. Orijinal yapıda olduğu gibi metal-ligant oranı 1:2 olacak şekilde sentez işlemi gerçekleştirilmiş, ancak hem elementel analiz hem de termik analiz sonuçlarından metal-ligant oranının 1:1 olduğu ortaya çıkmıştır. Bu $DEAH_2$ ve $TEAH_3$ ligantlarının oktahedral koordinasyona sahip merkez atomuna iki dişli ligant olarak bağlandığını gösterir. Şu ana kadar sentezlenen $DEAH_2$'li komplekslerde $DEAH_2$'nin daima iki dişli ligant olarak davrandığı rapor edilmiştir. Yeni olan Hofmann-tipine benzer $DEAH_2$ komplekslerinde de $DEAH_2$ 'nin iki dişli ligant olarak davrandığı görülmüştür. Diğer taraftan literatürlerde $TEAH_3$ 'ün komplekslerinde üç ya da dört dişli ligant olarak davrandığı bilindiği halde yeni Hofmann-tipine benzer $TEAH_3$ komplekslerinde görüldüğü gibi $TEAH_3$ 'ün iki dişli ligant olarak davranışına hiç rastlanılmamıştır. Şelat etkisi olan fakat siyanürden çok daha zayıf ligant özelliğine sahip $TEAH_3$ 'ün üç ya da dört dişli ligant olarak değil de iki dişli ligant olarak davranışını, oldukça güçlü olan siyano köprülü zincirli yapıdan siyanürleri uzaklaştıramaması ile izah etmek mümkündür.

Hofmann-tipine benzer bu konak yapıların IR spektrumları alınarak karakteristik titreşim piklerindeki kaymalardan komplekslerin yapısı aydınlatılmaya çalışıldı. Özellikle CN grubuna ait kayma değerlerinden bu yapıların da Hofmann-tipi konak yapılara benzer CN köprülü yapılar oluşturdukları ortaya çıktı. Ayrıca Cu(II)-$DEAH_2$ ve $TEAH_3$ komplekslerinin IR spektrumlarında CN titreşim pikinin ikiye yarıldığı gözlendi. Diğer komplekslerde gözlenmeyen bu durum Jahn-Teller etkisine bağlandı. Ayrıca bu komplekslerin manyetik moment ölçümlerinden zayıf alan kompleksleri oldukları anlaşıldı.

Hofmann-tipine benzer $DEAH_2$ ve $TEAH_3$ komplekslerinin termik özellikleri TG, DTG ve DTA teknikleri kullanılarak ayrıntılı olarak incelendi ve bozunma ürünleri ve mekanizmaları belirlenmeye çalışıldı. Bozunma ürünlerinin genellikle metal karışımlara karşılık geldiği tespit edildi. Kristal suların uzaklaşmasına ilişkin kinetik veriler alınarak dehitrasyonun genelde 1 ve 1,5 dereceden olduğu belirlendi. Komplekslerden elde edilen termik analiz sonuçlarından, $DEAH_2$ ve $TEAH_3$ komplekslerinin termik kararlılıklarının periyot boyunca düzgün olarak değişmediği fakat Cu-$DEAH_2$ ve Zn(II)-$TEAH_3$ komplekslerinin termik kararlılığının diğer komplekslerden daha düşük olduğu gözlendi.

*Yapılan bu çalışmaların yanında bu yapılarla ilgili şunlar önerilebilir*:

**1.** Bu yapılarda bulunan kristal suların da konuk molekül olarak kabul edildiği bilindiğine göre, belirli oranlarda kristal su içeren yeni $DEAH_2$ ve $TEAH_3$ 'li konak yapıların klatrat bileşikler vereceği düşünülmektedir. Bundan dolayı bu yapılardan çıkarak konuk olarak piridin, tiyofen ve benzen gibi birçok organik molekül kullanılarak bunların klatratları hazırlanabilir. Hazırlanan bu klatratların yapısı, spektroskopik özellikleri ve termik davranışları incelenebilir. Özellikle örgüye hapsolan konuk moleküllerin termik kararlılıklarının nasıl değiştiği araştırılabilir.

**2.** Hofmann-tipi konak yapıların kromatografide kolon dolgu maddesi olarak kullanıldıkları dikkate alınırsa; yeni $DEAH_2$ ve $TEAH_3$'li konak yapıların klatrat bileşikler verdikleri tespit edildikten sonra kromatografide yeni kolon dolgu maddesi olarak kullanılmaları söz konusu olabilir.

**3.** Karedüzlem yapıdaki Ni(II) iyonu yerine nikel alt grubu metal iyonları olan Pd(II) ve Pt(II) iyonları da kullanılarak $DEAH_2$ ve $TEAH_3$'li yeni konak yapılar sentezlenebilir ve bunların çeşitli özellikleri incelenerek nikel merkezli $DEAH_2$ ve $TEAH_3$'li konak yapıların özellikleriyle karşılaştırılabilir.

**4.** Bu yapılardaki karedüzlem tetrasiyanonikelat(II)'ye ait Ni(II) metal iyonu yerine Cd(II) ve Hg(II) metal iyonları kullanılarak tetrahedral(Td) tetrasiyanonikelat(II) merkezli Hofmann -Td-tipi konak yapılar elde etmek mümkündür. Hofmann-tipine benzer $DEAH_2$ ve $TEAH_3$ komplekslerinde de karedüzlem Ni(II) metal iyonu yerine Cd(II) ve Hg(II) metal iyonları kullanılarak yeni Td-tipi konak yapılar sentezlenebilir. Bunların yapıları, spektroskopik ve termik çalışmaları yapılarak bulunan özellikleri Hofmann-tipine benzer $DEAH_2$ ve $TEAH_3$ yapıların özellikleri ile karşılaştırılabilir. Ayrıca Td-tipi $DEAH_2$ ve $TEAH_3$ konak yapıların klatratları hazırlanabilir ve eğer klatrat özellik gösteriyorlarsa kromatografide kolon dolgu maddesi olarak kullanılmaları mümkün olabilir.

**5.** Bunlarla birlikte farklı etanolamin türevleri kullanılarak literatürde olmayan yeni karedüzlem ve tetrahedral merkezli Hofmann-tipi konak ve klatrat yapılar sentezlenerek bunların çeşitli özellikleri incelenebilir.

Çalışmanın ikinci bölümünde aynı ligantlar kullanılarak Werner-tipine benzer yeni Co(II), Ni(II), Cu(II) ve Zn(II)-NCS-$DEAH_2$ ve $TEAH_3$ kompleksleri sentezlenerek UV-Vis ve IR teknikleri ile spektroskopik özellikleri incelendi. Bilinen komplekslere ait elektronik geçişlerle bu yeni yapıların elektronik geçişleri karşılaştırılarak kompleks yapılar hakkında bilgi elde edilmeye çalışıldı. Dimerik yapılar oluşturan karedüzlem Co(II)-

ve Cu(II)-$DEAH_2$ ve $TEAH_3$ komplekslerinin UV-Vis spektrumlarının diğerlerinden farklı olduğu görüldü. UV bölgede çok sayıda pikin ortaya çıkması bu yapıların dimerik olmasına yani yapısal farklılıklarına bağlandı. Bu yapıların IR spektrumlarından elde edilen çeşitli gruplara ait kayma değerlerinden ligantların bağlanmaları hakkında fikir edinilerek komplekslerin yapıları, diğer çalışmalar da dikkate alınarak, tahmin edilmeye çalışıldı. Bu komplekslerin manyetik moment ölçümlerinden yüksek spin kompleksleri oldukları anlaşıldı. Dimerik yapılarda beklenenden farklı manyetik moment değerlerine rastlanmasına elektron değiş-tokuş parametrelerinin değişmesinden kaynaklanmış olacağına karar verildi.

X-ışınları tek kristal çalışmasına uygun kristalleri elde edilen Ni(II)-$DEAH_2$ ve Cu(II)-$DEAH_2$ komplekslerinin tek kristal çalışması yapılarak molekül yapıları dolayısıyla ligantların bağlanma düzenleri aydınlatıldı. Ni(II)-$DEAH_2$ kompleksinin oktahedral geometride, yapıdaki $DEAH_2$'lerin *trans* pozisyonlarda nötral bir ligant olarak davrandığı görüldü. Cu(II)-$DEAH_2$ kompleksinin ise dimerik bir yapıda karedüzlem geometride olduğu ortaya çıktı. Bu yapıda $DEAH_2$'ler birer hidrojenlerini kaybederek anyonik bir ligant olarak iki Cu(II) iyonu arasında oksijen köprüleri oluşturduğu açığa çıktı.

Werner-tipine benzer bu yapıların termik özellikleri TG, DTG ve DTA teknikleri kullanılarak ayrıntılı olarak incelendi. Bunlara ait bozunma ürünleri ile mekanizmaları belirlendi. Kalan ürünlerin metal oksitlerine karşılık geldiği belirlendi. Bu komplekslerin de Hofmann-tipi yapılarda olduğu gibi periyot boyunca termik kararlılıklarında bir düzenliliğin olmadığı, Zn(II)-$DEAH_2$ ve Cu(II)-$TEAH_3$ komplekslerinin termik kararlılığın diğerlerinden daha düşük olduğu gözlendi.

*Bu yapılarla ilgili olarak da şunları önermek mümkündür*:

**1.** Werner-tipi yapıların klatrat özellik gösterdikleri bilindiğine göre yeni Werner-tipine benzer $DEAH_2$ ve $TEAH_3$ komplekslerinin de klatrat özellik gösterip gösteremeyecekleri araştırılabilir. Özellikle yapıları aydınlatılan Ni(II)- ve Cu(II)- $DEAH_2$ komplekslerinin birim hücrelerindeki kristal boşlukları dikkate alınırsa, bunların bazı molekülleri örgülerine hapsetmeleri mümkün olabilir. Werner-tipi yapıların genellikle oktahedral geometride olmaları nedeniyle karedüzlem Cu(II)-$DEAH_2$ kompleksinin klatrat özellik göstermesi ilginç ve farklı bir durum ortaya çıkaracaktır.

**2.** Bu yapılar eğer klatrat özellik gösteriyorlarsa bu durumda yeni konak yapılar olarak kromatografide kullanılmaları söz konusu olabilir. Bu sayede kromatografide kolon dolgu maddesi olarak kullanılmaları, karışım halindeki çeşitli moleküllerin ayırtedilmesinde işe yarayabilir. Ayrıca başka bir ayırma tekniği olan fraksiyonlu damıtma işleminde de yine karışım içerisindeki bazı madde ya da maddeleri ayırmada da kullanılabilirler.

**3.** Daha önce kompleksleri yapılmamış etanolamin türevi ligantlar kullanılarak Werner-tipine benzer yeni kompleksler sentezlenebilir. Bunların yapıları ve çeşitli özellikleri incelenerek diğer etanolamin komplekslerinin özellikleri ile karşılaştırılabilir.

# Kaynaklar

1. **Ölmez, H. ve Yılmaz V.T., 1998.** Anorganik Kimya Temel Kavramlar, Furkan Kitabevi Ltd. Şti., Samsun, 398 s.

2. **Çetinkaya, B., 1992.** Kavramlarla Anorganik Kimya, Malatya, 405 s.

3. **Tunalı, N. K. ve Özkar, S., 1993.** Anorganik Kimya, Gazi Üniversitesi yayınları, Ankara, 579 s.

4. **Hagan, S. M., 1962**. Clatrate Inclusion Compounds. *Reinhold Pub. Corp.*, New York, 1962.

5. **Kasap, E., 1992.** Bazı Td-Tipi Konak-Konuk Bileşiklerinin İnfrared ve Raman Spektrometresi ile İncelenmesi, Doktora Tezi, Gazi Üniversitesi Fen Bilimleri Enstitüsü, Ankara, 126 s.

6. **Saenger, W.**, "Structural Aspects of Cyclodextrins and Their Inclusion Complexes", in Inclusion Compounds, Eds., Atwood, J. L., Davides, J. E. D., MacNicol, D. D., 1984. Vol 2, Academic Press, New York, 25 p.

7. **Karadağ, A., 1994.** Ferrosen ve Bazı Türevlerinin β-Siklodekstrinle Verdiği İnklüzyon Komplekslerinin Sentezi, Spektroskopik ve Termik Özelliklerinin İncelenmesi, Yüksek Lisans Tezi, Ondokuz Mayıs Üniversitesi Fen Bilimleri Enstitüsü, Samsun, 55 s.

8. **Hofmann, K.A. und Küspert, F. Z., 1897.** Verbindungen Von Kohlenwasserftoffen Mit Metal Falzen. *Z. Anorg. Chem.*, 15, 204.

9. **Iwamoto, T.**, "The Hofmann-type and Related Inclusion Compounds", in Inclusion Compounds, Eds., Atwood, J. L., Davides, J. E. D., MacNicol, D. D., 1984. Vol 1, Academic Press, New York, 25 p.

10. **Hofmann, K.A. and Arnoldi, H., 1906.** *Chem. Ber.*, 39, 339.

11. **Powell, H. M. and Rayner, J. H., 1949.** Clathrate Compound Formed by Benzene with an Ammonia-Nickel Cyanide Complex. *Nature (London)*, 163, 566-567.

12. **Rayner, J. H., and Powell, H. M., 1952.** Structure of Molecular Compounds Part X. Crystal Structure of the Compound of Benzene with an Ammonia-Nickel Cyanide Complex. *J. Chem. Soc.*, 468, 319-328.

13. **Kuroda, R. and Sasaki, Y., 1974.** The Crystal Structure of a Hofmann-Type Clathrate. *Acta Cryst., Sect. B*, 30, 687-690.

14. **Iwamoto, T., Miyoshi, T. and Sasaki, Y., 1974.** The Metal Ammine Cyanide Aromatic Clathrate. XIII. The Crystal Structure of the Hofmann-type Biphenyl Clathrate, Diamminenickel(II) Tetracyanonickelate(II) Di-Biphenyl: $Ni(NH_3)_2Ni(CN)_4$. $2C_{12}H_{10}$. *Acta Cryst., Sect. B*, 30, 292-295.

15. **Baur, R. und Schwarzenbach., 1960.** Neue Einschlussverbindungen vom Typus des Nickelcyanid-Ammoniak-Benzols. *Helv. Chim. Acta*, 43, 842-847.

16. **Iwamoto, T., Miyoshi, T., Miyamoto, T., Sasaki, Y. And Fujiware S., 1967.** The Metal Ammine Cyanide Aromatics Clathrates. I. The Preparation and Stoichiometry of the Diamminemetal(II) Tetracyano-niccolate(II) Dibenzene and Dianiline. *Bull. Chem. Soc. Jpn.*, 40, 1174-1178.

17. **Iwamoto, T., 1981.** Recent Development in the Chemistry of Hofmann-type and the Analogous Clathrates. *J. Mol. Struct.*, 75, 51-65.

18. **Akyüz, S., Dempster, A. B. and Morehouse R. L. 1973.** An Infrared and Raman Spectroscopic Study of Some Metal pyridine Tetracyanonickelate Complexes. *J. Mol. Struct.*, 17, 105-125.

19. **Akyüz, S., Davies, J. E. D., Demir, Y. and Varman N., 1982.** An Infrared and Raman Spectroscopic Study on Hofmann-type Complexes of pyridine Derivatives. *J. Mol. Struct.*, 79, 267-272.

20. **Bayarı, S., Topaçlı, A. And Aydınlı A., 1994.** The Infrared and Raman Spectra of 4-Phenylpyrdine and Its Hofmann-type complexes. *Spectroscopy Lett.*, 27, 9, 1083-1096.

21. **Yurdakul, S. and Bahat M., 1997.** Fourier Transform Infrared and Raman Spectroscopic Studies on 4-ters.-Butylpyridine and Its Metal(II) Tetracyanonickelate Complexes. *J. Mol. Struct.*, 412, 97-102.

22. **Rayner, J. H., and Powell, H. M., 1958.** Crystal Structure of a Hydrated Nickel Cyanide Ammoniate. *J. Chem. Soc.*, 3412-3418.

23. **Mathey, Y. and Mazieres, C., 1974.** Les Phases Cyanures de Nickel(II) Hydrates. *Can. J. Chem.*, 52, 3637-3644.

24. **Ludi, A. und Hügi, R., 1967.** Darstellung und Strukturelle Eigenschaften von $Ni(CN)_2$. $2H_2O$ und $Ni(CN)_2$. $1/2H_2O$. *Helv. Chim. Acta*, 50, 5, 1283-1289.

25. **Ludi, A. und Hügi, R., 1968.** Die Elektronen- und Infrarotspektren von Hydraten und Clathraten des Nickelcyanids. *Helv. Chim. Acta*, 51, 2, 349-355.

26. **Iwamoto, T. and Kiyoki, M., 1975.** The Crystal Structure of a Hofmann-en Type Pyrrole Clathrate, catena-μ-Ethylenediaminecadmium(II) catena-Tetra-μ-Cyanonickelate(II)-Pyrrole(1/2). *Bull. Chem. Soc. Jpn.*, 48, 9, 2414-2416.

27. **Cernak, J., Chomic, J. and Potocnak, I., 1989.** Thermal and Some Other Properties of the Complexes Crystallizing from the System Ni(II)-en-$[Ni(CN)_4]^{2-}$ $.H_2O$. *J. Thermal Anal.*, 35, 2265-2277.

28. **Cernak, J., Potocnak, I. and Chomic, J., 1993.** Preparation and Thermal Properties of the Complexes Crystallizing from the System Zn(II)-en-$[Ni(CN)_4]^{2-}$ $.H_2O$. *J. Thermal Anal.*, 39, 849-862.

29. **Cernak, J., Skorsepa, J., Chomic, J., Potocnak, I. And Hoppan, J., 1994.** Preparation and Some Properties of Tetracyano Complexes $M(en)M'(CN)_4$ (M= Cd(II), Mn(II); M'= Ni(II), Cd(II)). *J. Thermal Anal.*, 41, 91-98.

30. **Cernak, J., Potocnak, I. and Dunaj-Jurco, M., 1994.** Crystal Structure of Tris (Ethylenediamine) Nickel(II) Tetracyano-Nickelate(II) Monohydrate, $Ni(C_2H_8N_2)_3$ $Ni(CN)_4$. $H_2O$. *Z. Kristallogr.*, 209, 757-758.

31. **Nishikiori, S., Iwamoto T. and Yoshino Y., 1980.** Three-Dimensional Metal Complex Structures with Ambident Propylene-Diamine Ligands Serving as the Hosts of the Aromatic Guest Molecules. Hofmann-pn and pn-Td Type clathrates. *Bull. Chem. Soc. Jpn.*, 53, 8, 2236-2240.

32. **Mathey, Y., Setton, R. and Mazieres, C., 1977.** Molecular Inclusions in the Paraffin Layers of the Nickel Cyanide n-Alkylamine Systems. *Can. J. Chem.*, 55, 17-20.

33. **Iwamoto T., Kiyoski, M., Ohtsu, Y. and Takeshige-Kato, Y., 1978.** The Analogs of Hofmann Type Clathrate Formed between Diammine- or Diaminemetal(II) Tetracyanometallate(II) Host and Aromatic Guest Molecule. *Bull. Chem. Soc. Jpn.*, 51, 2, 488-491.

34. **Iwamoto T., Kiyoski, M. and Matsuura, N., 1975.** Thermally Stable Cyclohexadienly Radicals Produced in Benzene Clathrates with Metal Complex Host Lattice. *Chem. Lett.*, 847.

35. **Nishikiori, S. and Iwamoto, T., 1985.** Crystal Structure of Ethylendiamine Cadmium (II)Tetracyanocadmate(II)-Benzene(1/2) and Etilendamine Cadmium (II)Tetracyanocadmate(II). *J. Inc. Phenom.*, 3, 283.

36. **Nishikiori, S., Iwamoto, T. and Yoshino, Y., 1979.** Thermal rearrangement of the Bridging Etilendiamine Ligand to a Chelating one Accompanied with the Liberation of the Guest Molecule From an en-Td-type Etilendiamine Cadmium(II) Tetracyanocadmate-dibenzene $Cd(en)Cd(CN)_4$. 2Bz Clathrate. *Chem. Lett.*, 1509.

37. **Drago, R. S., Kwon, J. T. and Archer, R. D., 1958.** The Structure of Some Aquated Dicyanoammine-nickel(II) Clathrates. *J. Am. Chem. Soc.*, 80, 2267-2669.

38. **Sopkova, A. and Singliar, M.** "The Sorptive Abilities of Tetracyanocomplexes", in Inclusion Compounds, Eds., Atwood, J. L., Davides, J. E. D., MacNicol, D. D., 1984. Vol 3, Academic Press, New York, 10 p.

39. http://www.huntsman.com

40. **Brannon, D. G., Morrison, R. H., Hall, J. L., Humphrey, G. L. and Zimmerman D. N., 1971.** Spectra and Bonding for Copper(II)-Aminoalcohol Complexes-I. The IR Spectra of Complexes of Mono-, Di- and Triethanolamime. *J. Inorg. Nucl. Chem.*, 33, 981-990.

41. **Hursthouse, M. B., Izod, K. J., Mazid, M. A. and Thornton, P., 1990.** Synthesis, Properties and X-Ray Crystal Structures of Copper(II) and Nickel(II) Thiocyanate

Complexes with Ethanolamine: A New Structure for an Aminoalkoxide Cluster. *Polyhedron*, 9, 535-539.

42. **Yılmaz, V. T., Andaç, Ö., Topcu, Y. and Harrison, W. T. A. 2001.** Trans-Bis(ethanolamine-N,O)bis-(saccharinato-N)copper(II). *Acta Cryst., Sect. C,* 57, 271-272.

43. **Madarasz, J., Bombicz, P., Czugler, M. and Pokol, G., 2000.** Comparision of theophyllinato Cu(II) Complexes of Etanolamine and Diethanolamine. Part 2. Structure and Thermal Study of the Dimeric Complex with Diethanolamine. *Polyhedron*, 19, 457-463.

44. **Sharma, M., Singh, A. and Mehrotra, R. C., 2000.** Synthesis and Characterization of Homo- and Heterobimetallic Diethanolaminates of Alkaline Earth Metals. *Polyhedron*, 19, 77-83.

45. **Sen, B. and Dotson, R. L., 1970.** Characterization and Studies of Some Triethanolamine Complexes of Transition and Representative Metals. *J. Inorg. Nucl. Chem.*, 32, 2707-2716.

46. **Poonia, N. S., Chhabra, N., Sheldrick, W. S., Hundal, G., Obrai, S. and Hundal, M. S., 1999.** Bis(triethanolamine)strontium(II)bis(2,4-dinitrophenolate). *Acta Cryst., Sect. C*, 55, 24-26.

47. **Topcu, Y., Andaç, Ö., Yılmaz, V. T. and Harrison, W. T. A., 2001.** Bis(triethanolamine-N,O,O$^{/}$)nickel(II)bis(saccharinate). *Acta Cryst., Sect. E*, 57, 82-84.

48. **İçbudak, H., 1996.** Bazı Trietanolamin-Metal Komplekslerinin Sentezi Spektroskopik ve Termik Özellikleri. Doktora Tezi, Ondokuz Mayıs Üniversitesi Fen Bilimleri Enstitüsü, Samsun, 116s.

49. **Hubert-Pfalzgraf, L. G., 1998.** Some Aspects of Homo and Heterometallic Alkoxides Based on Functional Alcohols. *Coordination Chemistry Reviews*, 178-180, 967-997.

50. **Keattch, C. J. and Dollimore, D., 1975.** An Introduction to Thermogravimetry. 2$^{nd}$ Ed., Heyden-Son Ldt., London, 194p.

51. **Pope, M. I. and Judd, M. D., 1980.** Differential Thermal Analysis. Heyden-Son Ltd., London, 196p.

52. **Mackenzie, R. C. (Editor), 1970.** Differential Thermal Analysis. Vol. I, London, 490p.

53. **Daniels, T., 1973.** Thermal Analysis. Kogan Page Ltd., London, 272p.

54. **Brown, M. E., 1988.** Introduction to Thermal Analysis Techniques and Applications. Chappman-Hall, New York, 211p.

55. **Brown, M. E., Dollimore, D. and Galwey, A. K., 1980.** Reaction in the Solid State, Comprehensive Chemical Kinetics. Vol. 22, Elsevier, Amsterdam.

56. **Vyazovkin, S. V. And Lesnikovich, A. I., 1990.** On the Method of Solving the Inverse Problem of Solid-Phase Reaction Kinetics, II. Methods Based on Generalized Descriptions. *J. Thermal Anal.*, 36, 599-615.

57. **Elder, J. P., 1985.** The General Application of the Kissinger Equation in Thermal Analysis. *J. Thermal Anal.*, 30, 657-669.

58. **Ozawa, T., 1965.** A New Method of Analyzing Thermogravimetric Data. *Bull. Chem. Soc. Jpn.*, 38, 11, 1881-1886.

59. **Flynn., J. H. and Wall, L. A., 1966.** General Treatment of the Thermogravimetry of Polymers. *J. Res. Nat. Bur. Stand.*, 70A, 6, 487-523.

60. **Coats, A. W. and Redfern, J. P., 1964.** Kinetic Parameters from Thermogravimetric Data. *Nature (London)*, 201, 4914, 68-69.

61. **Horowitz, H. H. and Metzger, G., 1963.** A New Analysis of Thermogravimetric Traces. *Analytical Chem.*, 35, 10, 1464-1468..

62. **Van Krevelen, D. W., Van Heerden, C. and Huntjens, F. J., 1951.** *Fuel*, 30, 253.

63. **Reich, L. and Levi, D. W., 1963.** *Makromol. Chem.*, 66, 102.

64. **Fait, J., 1991.** XSCANS User's Manual. Siemens Analytical X-ray Instrumentals Inc., Madison, Wisconsin, USA.

65. **Sheldrick, G. M., 1990.** SHELX86. Program for Crystal Structure Solution. *Acta Cryst., Sect. A*, 46, 467-473.

66. **Sheldrick, G. M., 1997.** SHELX97. University of Göttingen, Germany.

67. **Siemens 1994.** XEMP (Version 2.10) and XP (Version 5.03). Siemens Analytical X-ray Instruments Inc., Wisconsin, Madison, USA.

68. **Topcu, Y., 1998.** Bazı Geçiş Metal-DMF, DMSO Komplekslerinin Sentezi, Spektroskopik ve Termik Özellikleri, Yüksek Lisans Tezi, Ondokuz Mayıs Üniversitesi Fen Bilimleri Enstitüsü, Samsun, 55s.

69. **Johnson, D. W. And Gallagher, P. K., 1972.** Comparison of Dynamic with Isothermal techniques for the Study of Solid State Decomposition Kinetics. *J. Phys. Chem.*, 76, 10, 1474-1479.

70. **Freeman, E. S. and Carrol, B., 1958.** The Application of Thermoanalytical Techniques to Reaction Kinetics. The Thermogravimetric Evaluation of the Kinetics of the Decomposition of Calcium Oxalate Monohydrate. *J. Phys. Chem.*, 62, 394-397.

71. **Jerez, A., 1983.** A Modification to the Freeman and Carrol Method for the Analysis of the Kinetics of Non-Isothermal Processes. *J. Thermal Anal.*, 26, 315-318.

72. **Takayanagi, S., Maruyamauchi, T. and Watanabe, T., 1967.** Magnetic Properties of $Ni(CN)_2NH_3C_6H_6$. *J. Phys. Soc. Japan.*, 22, 680.

73. **Watanabe, T., Takayanagi, S. and Maruyamauchi, T., 1968.** Magnetic Properties of $Ni(CN)_2.NH_3.C_6H_6$. *J. Phys. Soc. Japan.*, 25, 2, 346-351.

74. **Takayanagi, S. and Watanabe, T., 1970.** Magnetic Investigation of Single Crystal of $Ni(NH_3)_2Ni(CN)_4 .2C_6H_6$. *J. Phys. Soc. Japan.*, 28, 2, 296-301.

75. **Nagata, S., Maruyamauchi, T. and Watanabe, T., 1971.** Specific Heat of $Ni(NH_3)_2Ni(CN)_4 .2C_6H_6$ at Low Temperature. *J. Phys. Soc. Japan.*, 30, 4, 1054-1058.

76. **Takayanagi, S. and Watanabe, T., 1971.** Proton Magnetic Resonance in Antiferromagnetic $Ni(NH_3)_2Ni(CN)_4 .2C_6H_6$. *J. Phys. Soc. Japan.*, 31, 1, 109-116.

77. **Kitaguchi, H., Nagata, S. and Watanabe, T., 1975.** Susceptibility and Specific Heat for $Cu(NH_3)_2Ni(CN)_4 .2C_6H_6$. *J. Phys. Soc. Japan.*, 38, 4, 998-1001.

78. **Erdik, E., 1993.** Organik Kimyada Spektroskopik Yöntemler, Gazi Büro Kitabevi, Ankara, 531 s.

79. **Yılmaz, V. T., İçbudak, H. And Howie, R. A., 1997.** Bis[tris(2-hydroxyethyl)ammonium]hexachloroplatine(IV). *Acta Cryst. Sec. C*, 53, 294-296.

80. **Dows, D. A., Haim, A. and Wilmarth, W. K., 1961.** Infrared Spectroscopic Detection of Bridging Cyanide Groups. *J. Inorg. Nucl. Chem.*, 21, 33-37.

81. **Davies, J. E. D., Dempster, A. B. and Suzuki, S., 1974.** Clathrate and Inclusion Compounds-II (1). The Raman Spectra of Hofmann-type Benzene and Benzene-$D_6$ Clathrates. *Spectrochim. Acta*, 30A, 1183-1192.

82. **Akyüz, S., Dempster, A. B. and Morehouse, R. L., 1974.** Host-Guest Interactions and Stability of Hofmann-type Benzene and Aniline Clathrates Studied by I.R. Spectroscopy. Clathrates. *Spectrochim. Acta*, 30A, 1989-2004.

83. **Yurdakul, Ş., 1997.** Fourier Transform Infrared and Raman Spectroscopic Studies on 8-Hydroxyquinoline Metal(II) Tetracyanonickelate Complexes. *J. Mol. Struct.*, 412, 231-237.

84. **Murugesan, R., Thamaraichelvan, A. and Sami, P., 1999.** Guest-Host Interactions in Hofmann-Td-type Aniline Clathrates: IR Spectral Study. *J. Inc. Phenom. Macroc. Chem.*, 34, 235-243.

85. **Nakamoto, K., 1986.** Infrared and Raman Spectra of Inorganic and Coordination Compounds. Wiley, New York.

86. **Zhan, S., Chen, X., Vij, A., Guo, D. And Merg, Q., 1999.** Synthesis, Studies and Molecular Structure of Trinuclear Cyanide-Bridged Copper-Iron Complexes. *Inorg. Chim. Acta*, 292, 157-162.

87. **Zhan, S., Guo, D., Zhang, X., Du, C., Zhu, Y., and Yang, R., 2000.** The Design, assembly, properties and Crystal Structure of One-Dimensional Polymeric Cyanide-Bridged Nickel(II)/Nickel(II) Complexes. *Inorg. Chim. Acta*, 298, 57-62.

88. **Alvarez, S., Lopez, C. and Bermejo, M. J., 1984.** C-N Stretching Force Constants in Cyano Complexes: General Trends for Polycyano, Mixed-Ligand and Cyano-Bridged Complexes. *Transition Met. Chem.*, 9, 123-126.

89. **Jona, E., Jamnicky, M. and Zemlicka, M., 1985.** Heterogeneous Reactions of Solid Nickel(II) Complexes. XXII. *J. Thermal Anal.*, 913-920.

90. **Yılmaz, V. T., İçbudak, H. And Ölmez, H., 1994.** Thermal Behaviour and Kinetic Analysis of the Thermogravimetric Data of Double Ammonium Sulfate Hexahydrate Salt of Mn(II), Fe(II), Co(II), Ni(II) and Cu(II). *Thermochim. Acta*, 244, 85-92.

91. **Lipkowski, J.,** "Inclusion Compounds Formed by Werner $MX_2A_4$ Coordination Comlexes", in Inclusion Compounds, Eds., Atwood, J. L., Davides, J. E. D., MacNicol, D. D., 1984. Vol 1, Academic Press, New York, 41 p.

92. **Kerr, I. S. and Williams, D. J., 1977.** A-Tetrakis(4-methylpyridine) diisothiocyanatonickel(II). *Acta Cryst. Sect. B*, 33, 3589-3592.

93. **Lipkowski, J., 1981.** The Structure – Properties Relations in the Clathrates of Ni(NCS)2(4-Methylpyridine)4. *J. Mol. Struct.*, 75, 13-28.

94. **Lipkowski, J., 1982.** Clathrate Inclusion Compounds of Bis(İsothiocyanato) tetrakis (4-Methylpyridine)nickel(II). V. Bis(İsothiocyanato)tetrakis(4-Methylpyridine) nickel(II) -Naphthalene(1:2). *Acta Cryst. Sect. B*, 33, 1745-1749.

95. **Madaule-Aubry, F. And Brown, G. M., 1968.** Crystal Structures of Complexes of Nickel Perchlorate with Substituted Pyridines. I. Bisperchloratotetrakis-(3,5-dimethylpyridine)nickel(II). *Acta Cryst. Sect. B*, 24, 745-753.

96. **Moore, M. H., Nassimbeni, L. R. and Niven, M. L., 1987.** Studies in Werner Clathrates. Part 4. Structures of Tetrakis(4-ethylpyridine)di-isothiocyanatonickel(II) and Its Clathrates with p-, m- and o-xylene, carbon Disulphide, and carbon Tetracloride. *J. Chem. Soc. Dalton Trans.*, 2125-2140.

97. **Moore, M. H., Nassimbeni, L. R. and Niven, M. L., 1987.** Studies in Werner Clathrates. Part 5. Thermal Analysis of Bis(isothiocyanato)tetra(4-vinylpyridine)nickel(II) Inclusion Compounds. Crystal Structure of the $Ni(NCS)_2$(4-Vipy)$_4$. $2CHCl_3$ Clathrate. *Inorg. Chim. Acta*, 131, 45-52.

98. **Lipkowski, J., Sgarabotto, P. and Andreetti, D., 1980.** Clathrate Inclusion Compounds of Bis(isothiocyanato)tetrakis-(4-methylpyridine)nickel(II). I.

Compounds with 2-Methyl- and 2-Bromonaphthalene as Guest Components. *Acta Cryst. Sect. B*, 36, 51-57.

99. **Hartl, V. H. und Brüdgam, I., 1980.** Trans-bis(isothiocyanato)tetrakis(pyridin) kobalt(II). *Acta Cryst. Sect. B*, 36, 162-165.

100. **Hartl, H. und Steidl, S., 1977.** Crystal and Molecular Structure of Tetrapyridine-di-(diiodothiocyanato)-kobalt(II), $[Co(py)_4(NCS.I_2)_2]$. *Z. Naturforsch.*, 32B, 6-10.

101. **Hartl, H. und Steidl, S., 1980.** Die Kristallstruktur von Trans-Bis(isothiocyanato) tetrakis(pyridin)kobalt(II)-Dijodoform, $Co(C_5H_5N)_4(NCS)_2$. $2CHJ_3$. *Acta Cryst. Sect. B*, 36, 65-69.

102. **Schaeffer, W. D., Dorsey, W. S., Skinner, D. A. and Christian, C. G., 1957.** Separation of Xylenes, Cymenes, Methylnaphthalenes and Other Isomers by Clathration with Inorganic Complexes. *J. Amer. Chem. Soc.*, 79, 5870-5876.

103. **Allison, S. A. and Barrer, R. M., 1969.** Sorption in the β-Phases of transition Metal(II) Tetra-(4-methylpyridine) Tiocyanates and Related Compounds. *J. Chem. Soc. (A)*, 1717-1723.

104. **Sybilska, D. and Smolkova-Keulemansova, E.** "Applications of Inclusion Compounds in Chromatography", in Inclusion Compounds, Eds., Atwood, J. L., Davides, J. E. D., MacNicol, D. D., 1984. Vol 3. Academic Press, New York, 36 p.

105. **Bencini, A. and Gatteschi, D., 1990.** EPR of Exchange Coupled Systems, Springer-Verlag Berlin, Heidelberg, 285p.

106. **Ferlay, S., Francese, G., Schmalle, H. W. and Decurtins, S., 1999.** A New Bidimensional Compound Containing (μ - thiocyanate)(bpy)copper(II) Molecules: Synthesis, Crystal Structure and Magnetic Properties of $[Cu(bpy)(NCS)_2]n$ (bpy: 2,2′ - bipyridyl). *Inorg. Chim. Acta*, 286, 108-113.

107. **Kato, M., Jonassen, H. B. and Fanning, J. C., 1964.** *Chem. Rev.*, 99.

108. **Kato, M. and Muto, Y., 1988.** *Coord. Chem. Rev.*, 92, 45.

109. **Lever, A. B., 1968.** Inorganic Electronic Spectroscopy. Elsevier, Amsterdam.

110. **Thornton, D. A., 1990.** Metal Complexes of Pyridine: Infrared and Raman Spectra with Particular Reference To Isotopic Labelling Studies. *Coordination Chemistry Reviews*, 104, 251-295.

111. **İçbudak, H., Yılmaz, V. T., Andaç, Ö., Howie, R. A. and Ölmez, H., 1995.** Bis[tris(2-hydroxyethyl)amine]nickel(II)chloride. *Acta Cryst. Sect. C*, 51, 1759-1761.

112. **Jona, E., Horvath, I. and Kubranova, M., 1993.** Thermal Decomposition Reactions of Nickel(II) Complexes Under Quasi-Equilibrium Conditions Part 3. The Study of the Relations Between the Thermal, Spectral, and Structural Properties of the Werner Clathrates $[Ni(4\text{-}Mepy)_4(NCS)_2]$.2G (Where G Represents Naphthalena Derivatives). *Thermochim. Acta*, 221, 41-52.

113. **Jona, E., Horvath, I., Kubranova, M. and Jorij, V., 1993.** Thermal Decomposition Reactions of Nickel(II) Complexes Under Quasi-Equilibrium Conditions II. Study of the Relations Between Thermal, Spectral, and Diffraction Properties of the Werner Clathrates $[Ni(4\text{-}Mepy)_4(NCS)_2]$.G (G= Benzene, Toluene, p-xylene). *J. Thermal Anal.*, 39, 187-196.

114. **Jona, E., Simon, P., Sirota, A. and Jorik, V., 1996.** Thermochemical Investigation of Guest-Host Interactions in Werner Clathrates of type $[Ni(4\text{-}Etpy)_4(NCS)_2]$.nG (G= Naphthalena Derivatives). *J. Thermal Anal.*, 46, 539-548.

115. **Cotton, F. A. and Wilkinson, G., 1973.** Basic Inorganic Chemistry, John Wiley & Sons, Inc., New York, 579 p.

116. **Şenvar, C. ve Alpaut, O., 1977.** Maddenin Üç Hali, Cilt 1, Hacettepe Üniversitesi Yayınları, Ankara, 585s.

# Tez Çıktıları

1. **Karadağ, A.**, V. T. Yilmaz, "*Preparation and Infrared Spectroscopic Examination of Hofmann-type Di- and Triethanolamine Complexes*", ***Synth. React. Inorg. Met.-Org. Chem.***, 30(2), 359-368 (2000).

2. Yilmaz, V. T., **A. Karadağ**, "*Thermal Decomposition of Hofmann-type Complexes of Di- and Triethanolamine*", ***Thermochimica Acta***, 348, 121-127 (2000). ***DOI:*** *10.1016/S0040-6031(00)00348-8*

3. Yilmaz, V. T., **A. Karadağ**, C. Thöne, R. H. Irmer, "*Trans-Bis(diethanolamine) bis(isothiocyanato)nickel(II)*", ***Acta Cryst., C56***, 948-949 (2000). ***DOI:*** *10.1107/S0108270100007289*

4. **Karadağ, A.**, V. T. Yilmaz, C. Thöne, "*Di- and Triethanolamine Complexes of Co(II), Ni(II), Cu(II) and Zn(II) with Thiocyanate: Synthesis, Spectral and Thermal Studies. Crystal Structure of Dimeric Cu(II) Complex with Deprotonated Diethanolamine,* $[Cu_2(\mu\text{-}dea)_2(NCS)_2]$", ***Polyhedron***, 20, 635-641 (2001). ***DOI:*** *10.1016/S0277-5387(01)00720-3*

Kolibri 360 GmbH
Ferdinand-Jühlke-Straße 7
99095 Erfurt, Deutschland
produktsicherheit@kolibri360.de

Druck:
CPI Druckdienstleistungen GmbH
im Auftrag der
Kolibri 360 GmbH
Ferdinand-Jühlke-Str. 7
99095 Erfurt